土建类专业产教融合创新教材

建筑工程造价 数字化应用

谷洪雁 刘玉 孙晓波 主编

化学工业出版社

·北京·

内容简介

党的二十大报告中提出"统筹职业教育、高等教育、继续教育协同创新，推进职普融通、产教融合、科教融汇，优化职业教育类型定位"。本教材依据《高等职业教育本科工程造价专业教学标准》编写，面向工程造价数字化转型发展需求，对接职业岗位技能，依托广联达BIM土建计量平台和广联达云计价平台，基于"教、学、做一体化，任务驱动导向，学生实践为中心"的理念，基于"岗课赛证"融通构建教材内容，并多维度融入课程思政元素，培养科学严谨和勇于创新的高层次技术技能人才。

本书开发了配套的微课视频数字资源，可通过扫描书中二维码获取。

本书可作为高等职业院校和应用型本科土建施工类和建设工程管理类专业的教学用书，也可作为工程造价从业人员参考用书，还可作为"1+X"工程造价数字化应用职业技能等级证书培训用书。

图书在版编目（CIP）数据

建筑工程造价数字化应用/谷洪雁，刘玉，孙晓波主编．—北京：化学工业出版社，2024.1
ISBN 978-7-122-44504-9

Ⅰ.①建… Ⅱ.①谷… ②刘… ③孙… Ⅲ.①建筑造价管理-数字化-高等职业教育-教材 Ⅳ.①TU723.3-39

中国国家版本馆CIP数据核字（2023）第227568号

责任编辑：李仙华　　　　　　　装帧设计：史利平
责任校对：刘曦阳

出版发行：化学工业出版社
　　　　　（北京市东城区青年湖南街13号　邮政编码100011）
印　　装：大厂聚鑫印刷有限责任公司
787mm×1092mm　1/16　印张16½　字数412千字
2024年4月北京第1版第1次印刷

购书咨询：010-64518888　　　　　售后服务：010-64518899
网　　址：http://www.cip.com.cn
凡购买本书，如有缺损质量问题，本社销售中心负责调换。

定　　价：49.80元　　　　　　　　版权所有　违者必究

编审委员会

前言

党的二十大报告中提出"深入实施科教兴国战略、人才强国战略、创新驱动发展战略",对各行各业从业人员提出了更高的要求。为适应建筑产业优化升级需要,对接建筑产业数字化、网络化、智能化发展新趋势,对接新产业、新业态、新模式下工程造价技术人员等岗位的新要求,不断满足专业技术服务业高质量发展对高层次技术技能人才的需求,在工程造价行业全面步入数字化管理时代,我们编写本教材以信息化模型为基础,利用"云 + 大数据"技术积累工程造价基础数据,通过历史数据与价格信息形成自由市场定价方法,集成造价组成的各要素,通过造价大数据及人工智能技术,实现智能算量、智能组价、智能选材定价,有效提升计价工作效率及成果质量。

本教材依据《高等职业教育本科工程造价专业教学标准》中的教学内容和要求,面向工程造价数字化转型发展需求,对接职业岗位技能,依托广联达 BIM 土建计量平台和广联达云计价平台,基于"教、学、做一体化,任务驱动导向,学生实践为中心"的理念进行编写。本书分为两大模块:建筑模型构建及工程量计算,工程量清单编制及工程计价。工程量计算部分以地下一层、地上四层的框架结构酒店项目为载体,系统讲解了各建筑构件建模操作和工程做法的套用以及 CAD 智能识别建模操作,详细讲解了常用功能的操作方法和常见问题的处理方法;工程计价部分系统讲解了工程量清单的编制、清单综合单价组价、预算报表的编辑与输出和工程结算。基于产教融合、校企合作编写,形成如下特色:

(1)"岗课赛证"融通构建教材内容

本课程贯彻落实《关于推动现代职业教育高质量发展的意见》提出的"完善'岗课赛证'综合育人机制,按照生产实际和岗位需求设计开发课程"要求,主动适应产业变革对人才核心技能的新要求,以真实工程造价任务知识点和"1+X"工程造价数字化应用职业技能点融合为基础,以"建设工程数字化计量与计价"全国职业技能大赛考核技能点为牵引,充分考量学生对技术技能认识和实践能力的难易程度进行有梯度的技能任务设置。实现以岗定课、以课育人、以赛领课、以证验课的"岗课赛证"综合育人模式,综合提升职业教育的人才培养质量。

(2)多维度融入课程思政元素

教材以"立德树人"为根本任务,对课程思政进行了顶层设计,将思政教育融入育人全过程,分层次、讲方法、求实效地开展课程思政。通过课程思政元素的融入,培养学生科学严谨的工作作风和精益求精的工匠精神，并有效促进学生对专业知识的理解、掌握、拓展和深化，提高学生的学习积极性、创新精神、专业自信和个人自信，引导青年学子"立志做有理想、敢担当、能吃苦、肯奋斗的新时代好青年"。

（3）多方联动共建教材，体现高层次和高技能

本教材由高等职业院校、应用型本科院校专业教师联合中企华工程咨询有限公司共同设计开发，以结构化、模块化体例为主，以真实生产项目、典型工作任务、实际案例等为载体组织教学单元，深度对接行业企业标准，辅以配套课件、答案解析、案例补充和视频操作等二维码数字资源，深度融合了本科的高层次和职业教育的高技能，从而将对岗位能力的实际需求全方位地融入学生的培养过程。

本教材由河北工业职业技术大学谷洪雁、刘玉、孙晓波担任主编，河北劳动关系职业学院刘玉美、河北工程技术学院贾瑞红、河北工业职业技术大学崔楚研、河北石油职业技术大学屈琳琳担任副主编，唐山学院王勇华、新疆交通职业技术学院莫俊明、中企华工程咨询有限公司马云龙、防灾科技学院刘敬严、河北工业职业技术大学杜思聪共同参与编写。本书由河北工程大学任向阳教授主审。经过各位编者老师的共同努力，教材得以成书并出版，在此，感谢老师们的辛苦付出，也对广联达科技股份有限公司给予的大力支持和帮助表示感谢！

本教材开发有与教学内容配套的微课视频，并以二维码形式植入书中，实现教材表现形式的多样化，体现了线上线下相结合的多种教学模式。同时，本教材还提供了配套的教学电子课件，可登录 www.cipedu.com.cn 免费获取。

由于编者水平有限，书中不足之处在所难免，敬请读者和同行专家不吝指正。

编者

2023 年 12 月

目 录

二维码资源目录

0绪论　建筑工程造价数字化应用概述

 素质目标

- 具有运用数字化手段管理工程项目的思维习惯；
- 具备利用现代科学的数字化管理手段把工程造价管理、造价信息管理和工程成本管理融为一体，强化工程造价现代化管理的意识；
- 具备基本的信息化技能

 知识目标

- 了解建筑工程造价数字化应用的背景及意义；
- 掌握全生命周期建筑工程造价管理的基本知识；
- 掌握工程造价数字化专业知识

技能目标

- 能够应用成本管理软件对建筑工程项目进行成本核算；
- 能够应用造价软件进行工程造价资料整理

0.1　建筑工程造价数字化应用背景及意义

0.1.1　建筑工程造价数字化应用的背景

近年来，随着计算机技术与互联网的高速发展，信息技术成为人们生活中必不可少的一部分，各个行业都面临着很大的竞争压力，许多传统的制造业开始利用现代信息技术进行生产，基于数字化技术进行设计、数据分析、成本预测和供应链管理等，这是由于信息技术能够使这些产业的生产效率得到大幅度的提升。而在建筑业，工程项目从决策阶段开始就会产生大量的信息，企业在项目的建设过程中遇到很多问题、同时也面临着各种挑战。建设项目过程中常会遇到诸如以下难题：项目施工的工艺较为复杂，施工的技术难度较大；工程建设各参与方在沟通交流及信息传递上遇到了极大的阻碍，不能进行有效的协同工作，因此产生了大量的重复劳动、大量的返工，质量与安全也不能得到有效的保证；项目体量较大，资源分配不均导致项目现场浪费现象严重，这些会造成工程建设成本的增加和风险的增大。工程造价管理作为项目管理中重要的一部分，其成功与否是衡量整个项目成败的关键。

随着近些年建筑原材料呈现翻倍的增长，人工成本也是逐年增加，这就要求在项目的管理上来节约成本。传统的工程造价管理模式：工程量计算较为复杂，工作量较大，大约占用了造价人员 50% ～ 80% 的精力，并且造价从业人员水平不一，经常会出现错项、漏项的情况，最后统计的工程量准确性也难以保证；发生变更后，造价人员须对图纸检查核对，找出对成本具有影响的因素，这个过程不仅缓慢，而且缺乏可靠性，项目的变更造成大量的重复性工作，一旦出现变更，工程量还需要重复计算，增加成本，变更工作烦琐，并且数据反馈不够及时，变更还要重复申报。在建设过程中需要中期付款的月报多，审核时间有限，新清单要求将每个月的进度款累加在一起，形成结算价，但是施工中是做不到的，不能精准了解项目完成的实际进度，传统方法都是根据理论和经验进行估算的，人为因素影响大。这就需要新的造价管理模式来代替传统的造价管理模式。

因此，工程造价数字化管理成为发展的必然趋势，它不仅建立了建筑模型，而且数据与模型实现了集成和应用；它不是应用一个或两个软件进行工作，而是应用一个系统进行工作，其服务于建设项目的投资决策、设计、招投标、施工、竣工验收等全过程，旨在为项目各参与方提供一个协调作业、促使信息共享的平台，其对于避免失误、提高工程质量、缩短工期、节约成本等都具有巨大的优势作用。建筑工程造价数字化应用已经形成了一个全新的理念，已经是一种新的行业信息技术，数字化、信息化技术正在引领建设领域（设计、招投标、施工、结算）产生一系列技术创新。美国斯坦福大学集成设施工程中心（简称 CIFE）于 2007 年对建筑工程使用数字化手段进行了一项调查研究，其研究结果如表 0.1 所示。

表 0.1 数字化手段在建筑工程中应用的影响

因使用数字化手段带来的好处	调查结果
控制投资估算误差	3% 以内
节省预算外的变更	40%
节省投资估算时间	80%
节省项目工期	7%
节省项目总投资	10%

0.1.2 建筑工程造价数字化应用的意义

建筑工程造价数字化应用的意义在于希望通过数字化手段对建筑工程造价进行全过程的持续管理和控制，建立各个阶段之间的有机联系，使业主、施工方、设计方、造价咨询方在工程造价各阶段进行有效的协同，避免各个阶段造价管理工作割裂，从而实现全过程、全方位、系统的工程造价管理。基于数字化信息管理平台，可以更加轻松地计算建设工程的费用，避免了变更频繁、各阶段之间信息割裂、设计与造价控制的脱节、施工与造价控制的脱节等问题。同时也展现了数字化手段在实际应用中对于造价管理的贡献，有利于促进我国建筑行业以及其他行业的信息化发展，有利于社会的可持续发展和进步。

0.2　建筑工程造价数字化的基本概念与发展

0.2.1　建筑工程造价数字化的概念

建筑工程造价数字化是以工程项目的各项信息数据为基础建立的建筑模型，作为一个共享的资源可以整合工程项目各个阶段的相关信息并随时更新，实现项目信息在全生命周期中各阶段的有效共享，从而消除项目各参与方的隔阂，打破项目各参与方的界限，促进项目不同阶段各参与方的协同工作，实现工程项目的全生命周期造价管理。

0.2.2　我国建筑工程造价数字化的发展

从新中国成立初期，到我国走上市场经济的发展道路，计价模式与计价工具也随之发生了根本性的改变。具体表现如下。

（1）计价模式

① 从新中国成立初期到20世纪50年代中期，由于我国在建筑领域缺乏建造工程的数据基础，国家没有制定统一的标准和规范，工程造价是由估价员按照设计图计算得出的工程量，根据市场行情和企业资料，凭借着工作经验进行估算，因此，这一阶段是没有统一的预算定额和单价的计价模式。自20世纪50年代中期开始直到90年代初期，我国采取的工程造价是由国家统一制定预算定额及单价的模式。由统一的计算规则算出工程量，再套用预算定额和单价计算工程直接费用，然后按照取费定额计算出工程间接费用、利润和税金等，从而确定工程的概（预）算造价。

② 随着我国对市场运作能力的不断成熟，20世纪90年代，国家提出对当前的计价模式进行"量价分离"的改革，国家根据社会平均水平，制定单位建筑产品的消耗量标准，然后根据全国各地区发展水平的不同发布相对于地区的价格信息，形成了"控制量、指导价、竞争费"的价格形成机制，最后量价相乘，形成工程成本价格，这种模式叫作消耗量定额计价模式，即国家指导价，主要用于施工图预算和竣工验收阶段。

③ 在2000年初，为适应我国市场经济的发展，与国际接轨，在原来消耗量定额计价模式的基础上实行了清单计价，同时颁布了《建设工程工程量清单计价规范》（GB 50500—2003），这是以市场经济为主导的调控机制，这就是国家调控价。

根据国家在各阶段的发展水平不同，建筑产品的复杂程度、价格构成也不同，从而形成了不同的价格机制。而建筑产品的价格表现形式也经历了"国家定价""国家指导价""国家调控价"这三个阶段，也标志着我国工程造价管理体制逐步向规范化发展。

（2）计价工具

计价工具的更新和发展与计算机技术的推广与应用有着紧密联系，大致可以分为三个阶段：以图纸为基础的手工算量、以CAD为基础的计价软件以及以数字化应用为基础的三维计量软件。

20世纪70年代，由于计算机技术并未普及，预算人员只能完全对照图纸进行手工算量，然后根据定额与市场行情，编制成本预算表，根据定额计价，形成工程造价。在这样的情况下，工程造价人员的工作效率低下，工作量大，而且错误率较高。随着计算机的普及，计算机逐渐成为必不可少的工具，信息技术在建筑行业中得到了运用，也推进了计价软件的发展。

然而，计价软件普及以后，工程量计算仍然需要花很长时间进行，根据资料表明，造价人员在工程量上的计算与统计的时间大概占整个计价过程的50%～80%，因为计价软件仅在一个独立的电脑上，无法及时与各参与方进行信息共享与交流。随着社会的发展，人们需求的增加，建筑产品不管在建筑结构、施工工艺、建筑规模等方面都与以往不同，单一的计价软件已经无法满足这项工作。为此，我国香港房屋署要求自 2006 年起，政府重点项目需应用 BIM 技术。随着香港地区 BIM 技术广泛应用，内地纷纷出台 BIM 相关政策。住房和城乡建设部于 2011 年 5 月 10 日，发布《2011—2015 年建筑业信息化发展纲要》，第一次将 BIM 纳入信息化标准建设内容；紧接着 2015 年 6 月 16 日发布《关于推进建筑信息模型应用的指导意见》，2016 年 8 月 23 日发布《2016—2020 年建筑业信息化发展纲要》，BIM 成为"十三五"建筑业重点推广的五大信息技术之首。随后，其他各省、市纷纷出台相关政策。自此，数字化信息管理平台逐渐渗透到人们的工作中。

0.3 建筑工程造价数字化在国内外的应用研究现状

0.3.1 国内建筑工程造价数字化应用研究现状

数字化工程造价在我国项目管理中的应用已有很多实例。利用数字化等手段可以快速地进行工程量的统计，从而合理地进行项目进度安排。比如，在成都万达城项目中，通过 BIM 模型导入广联达土建算量软件中进行项目校核，根据偏差进行原因分析，在 BIM5D 施工项目管理平台利用模型、进度及商务数据生成资金曲线，不仅可以直观地反映出项目资金运作情况，还能辅助项目负责人进行资金安排。天津某写字楼项目在碰撞检查中，发现重大问题 23 处，机电管线碰撞、机电土建预埋碰撞共计 2155 处，预计节约成本 50 万元，通过数字化工程造价的应用达到了节约成本的目的。北京某医院项目利用数字化技术，实现了全专业的数据集成，并基于模型实现了二次结构的快速排布，便于施工的同时，也减少了材料浪费、返工等情况的发生。二峡大学的徐玲对数字化工程造价中精细化管理进行了研究，提出了我国工程造价精细化管理面临的主要问题，以及针对这些问题提出的一些策略。针对中国数字化建造的发展，国内学者在这方面也进行了很多研究，除了将数字化技术应用于建筑工程造价管理，还可以应用到其他领域的设计和造价管理当中。长安大学的马宇对数字化技术在高速公路建设项目管理中的应用作了研究，对高速公路全过程的结构进行了建模，并进行了三维可视化的施工计划以及实际施工情况模拟，有助于施工进度的管理，数据的及时更新可以有效地控制资金。中建中原建筑设计院有限公司的张海东、徐宁探讨了某装配式住宅项目结构设计和数字化手段即 BIM 的应用，不仅对其结构进行了深化设计，还优化了钢筋节点的排布，以及钢筋的碰撞检查。曹林君、曹媛以数字化技术为载体对智慧消防进行了分析。综上，随着我国产业信息化的不断发展，数字化技术会逐渐渗透到各个行业。

0.3.2 国外建筑工程造价数字化应用研究现状

在 BIM 发展规划的推动下，数字化技术在许多国家得到飞速的发展。相比其他国家，数字化技术在英国的发展具有强制性。而在工程造价领域，英国政府利用已完成工程的造价数据搭建了一个完整的工程造价信息管理系统，相关单位在进行造价工作时亦可参考数据库中的类似工程作出相对准确的预算。除此之外，在价格管理方面，英国建筑业物价管理部门成功运用计算机技术，将收集来的诸多项目造价进行平均计算，得到平均价格和投标价格指数等数据，这些加权平均数据将为相关造价人员提供参考。与此同时，其他国家也逐渐开始了数字化技术在工程造价方面的研究。2013 年，韩国的光华大学建筑工程系 Seul-Ki Lee、Ka-Ram Kim 和 Jung-Ho Yu 教授撰写了名为《基于 BIM 和本体论的建筑成本估算方法》的文章。2014 年澳大利亚的新南威尔士大学建筑环境学院的 Peng Alex Zhao 对比了运用数字化技术和传统成本估算软件对建筑成本控制的区别。同时，加拿大的 Revay 公司开发了成本与工期综合管理软件，是工程造价软件方面的重大突破。

0.4 建筑工程造价数字化常用软件类型和硬件需要

0.4.1 工程造价数字化软件对硬件的要求

在建筑工程数字化、信息化的过程中，人们常常只注重软件的发展，而忽视了硬件的需求。在信息化时代，软件开发已经成为主流，但是硬件才是基础。没有良好的硬件设施做支撑，软件开发将成为无源之水。如果硬件条件达不到要求，则会造成造价软件运行周期较长等问题。工程造价数字化软件对于计算机系统配置的基本需求见表 0.2。

表 0.2　建筑工程造价数字化软件所需硬件环境

最低配置	推荐配置
处理器：英特尔®酷睿™i3-2100 处理器 @3.10GHz（或 AMD 同等性能处理器）	处理器：英特尔®酷睿™i5-2300 处理器 @ 3.10GHz（或 AMD 同等性能处理器）及以上
内存：4GB	内存：8GB
硬盘：20GB 可用硬盘空间	硬盘：40GB 可用硬盘空间
显示器：分辨率 1280×760	显示器：分辨率 1680×1050 以上

0.4.2 建筑工程造价数字化常用软件类型

数字化工程造价的实现需要多个软件协同操作。而且只能通过这些软件才能实现数字化的价值。数字化建模类软件可分为四类，具体的分类见表 0.3。

表 0.3　数字化建模类软件分类及应用

软件类别	常用的软件	应用
设计类软件	Autodesk 公司的 Revit 系列软件；Bentley 公司的建筑、结构、设备系列；Nemetschek 公司的 ArchiCAD 软件	在建筑设计时，将建筑工程相关的构件信息以参数化的形式录入，并与构件相关联
施工类软件	Autodesk 公司的 Navisworks Manage 软件；Bentley 公司的 Project Wise Navigator 软件；Innovaya 公司的 Visual Simulation 软件	这些软件可以构建三维空间，可以很直观地了解施工场景，工作人员可以实时监控
造价管理类软件	国内广泛应用的广联达、鲁班等；国外常用的是 Innovaya 和 Solibri	对 BIM 进行工程量统计和造价分析，并可以根据工程进度提供造价管理所需的数据
运营管理软件	常用的软件是 ArchiBUS	对系统进行运营维护

造价管理类软件主要的功能是根据 BIM 模型所提供的信息进行工程量统计和造价分析。目前国内常用的数字化的工程造价管理软件有广联达、鲁班和斯维尔软件。每一个软件都有其自己的特点，下面就国内常用的工程造价软件进行概述。

广联达软件是目前国内应用较广的一款造价管理软件，它的前身是算量和钢筋两个软件，这两个软件通过整合以后形成的广联达软件功能更加强大。随着科学技术的进步，广联达软件也是不断地更新，其功能也在不断优化。它由于不主动监测安装环境，所以安装比较便捷，并且界面比较简单，容易操作。广联达软件比较多，有广联达土建算量、广联达钢筋算量、广联达 MagiCAD 等。

鲁班软件，该软件起步虽晚，但是它发展速度比较快。它是基于 CAD 平台开发的，目前为止，鲁班旗下也包括很多的系列：鲁班大师 BIM 土建算量、鲁班成本测算以及鲁班计价软件等。此软件有识别 CAD 图形文件的功能，能将图形转换成三维的。

斯维尔软件，该软件的独特之处是可以直接将二维图纸导入，导入后通过这款软件可以进行钢筋排布，并且对钢筋数量进行统计。

0.5　数字化手段在建设项目全过程造价管理中的应用

建设工程项目本身的特点，决定了工程造价具有阶段性的特征。投资决策阶段、设计阶段、招投标阶段、施工阶段、竣工验收阶段，工程建设过程中的每个阶段都有不同的侧重点，因而每个阶段的造价管理也有不同的特点。但是，工程项目建设过程中的各个阶段之间是不可分割的，是相互联系的，从投资决策到工程竣工验收，每一个环节都与建设工程造价紧密相连。尽管每个阶段造价管理的内容及重要性都不尽相同，但是每个阶段都对建设项目的总造价有着或多或少的影响。通过引入数字化技术，使得建设项目工程造价管理进入信息化时代，建设工程的各个参与方都能第一时间知道建设投资、成本的发生和变化，对于工程造价管理来说具有跨时代的意义，不仅实现了信息实时共享，在整个工程项目建设过程中实现动态管理，这使得工程造价管理工作更加方便快捷、准确、高效。

综上，建设项目各阶段数字化造价管理对十总造价具有重要影响，只有充分运用全过程数字化管理，做好每一阶段的造价管理工作，将各阶段造价管理衔接动态化，才能完成造价管理控制目标和投资控制总目标。整个管理流程是数据循环交互的过程，具体见图 0.1。

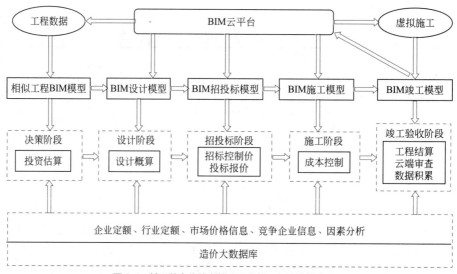

图 0.1　基于数字化信息管理平台的工程造价管理流程

0.5.1 数字化手段在决策阶段的应用

0.5.1.1 投资决策阶段的工程造价管理存在的问题

目前，我国工程造价管理工作大多重点集中在设计和施工阶段，对于投资决策阶段还不够重视，在进行项目方案论证时，一是缺少相关的技术人员，所邀请到的专家是经济方面的专家，但是他们缺乏造价方面的知识，导致项目论证不够充分；二是整个项目的估算缺少科学的依据，科学的估算要依托以往的数据支持，但是数据具有时效性，而且在采集数据时，数据具有延迟性，对后续阶段的资源消耗预期判断不够准确。比如建筑材料受市场和环境政策的影响价格持续攀升，人工资源的短缺导致人工费用增加等，这些无法预期，导致估算数据不够准确。并且估算需要搜集大量的数据资料，有时候投资决策阶段时间紧张，导致前期阶段调研不够深入，可行性报告的可信度也会遭到质疑。

0.5.1.2 投资决策阶段的工程造价管理目的

投资决策阶段在整个项目建设过程中是非常重要的阶段，根据相关数据统计，在项目建设的过程中，投资决策阶段对投资的影响比重可高达95%。投资决策所需要决策的内容包括建设地点和建设工艺的选择，建筑材料以及建筑设备的选用等，这些因素都直接关系着工程造价的高低。对于投资者而言，他所看重的是项目是否值得去投资，是否能达到自己预期的收益。

在投资决策阶段最主要的目的是做好投资估算，估算的依据可以是收集相关的项目资料，也可以参考以往已建项目的资料数据，做出可行性的分析报告，安排好后续的资金使用，保障后续的工程造价在控制范围内。

所以投资决策阶段是决定工程造价的基础阶段，直接影响决策后各阶段的工程造价及控制，直接影响最终的经济效益。

0.5.1.3 数字化手段在投资决策阶段造价管理的应用

数字化手段在投资决策阶段的应用主要体现在投资方案的比选和投资估算上，如何合理、准确地确定方案和投资估算成为此阶段最为重要的事，具体的流程如图0.2所示。首先是在以往的BIM模型数据库中进行筛选，筛选出与拟建项目相似的模型，通过修改部分数据，进而得到大致的工程量、造价等

图0.2 投资决策阶段的工程造价管理流程

不同指标，快速准确地得出拟建项目的估算值；接着对工程量数据、成本数据等历史数据根据实际的需求进行抽取、修改、组合，可以快速地形成不同的方案模型，然后再通过其他的算量软件计算出不同方案的工程量、成本等造价信息。

基于数字化的模型信息，充分利用其可视化等特点，可以在众多的投资方案里抽取出符合投资要求的方案，这样既节约了前期策划的时间，同时也可直观地选出最优方案，使得前期策划更具有科学性和有效性。

虽然数字化技术在投资决策阶段起到了很大的作用，但是在项目投资决策阶段的应用还比较少，相信随着数字化技术的应用和发展，会在以后投资决策阶段得到有效的运用。

0.5.2 数字化手段在设计阶段的应用

0.5.2.1 设计阶段工程造价管理存在的问题

设计阶段对于节约建设成本起着决定性的作用。根据相关数据和经验统计，初步设计阶

段、技术设计阶段和施工图设计阶段对整个项目的投资影响大约为85%。因此，设计阶段在整个工程造价管理阶段有着举足轻重的地位，现将设计阶段中造价管理出现的问题进行总结，这些问题会影响整个项目的造价管理。

（1）建筑设计缺陷　设计阶段的主要任务是完成施工阶段所需的施工图，以保障施工的顺利进行。但是一个项目的图纸以及图纸所包含的数据是非常多的，这也导致了在设计过程中或多或少会出现纰漏的情况。另外，各专业的设计都是单独完成的，那么在施工过程中难免会出现管道与管道的碰撞、管道与梁的碰撞等问题，这些问题的出现会使施工阶段产生大量的变更，变更就意味着会造成材料的浪费、工期的延长、造价的增加。尤其是面对像鸟巢这样较大的建筑物时，建筑师无法通过二维图纸来看到建造效果，也就限制了建筑师和造价师的沟通。

（2）对造价的控制较为困难　传统的由CAD绘制出的图纸是由点线面组成的，没有墙、柱等建筑构件的属性。而且设计人员和造价人员是独立工作的，且无法做到设计工作和造价工作同时完成。设计完成以后，造价人员根据图纸所标记的相关信息进行预算，对于超出预算的部分，设计人员还需反复修改，直到最终方案确定。一般情况下，CAD图纸不包含造价信息，导致设计阶段的造价工作比较烦琐、耗时较长，而且预算也会比较粗略。

（3）各部门协调困难　一是设计单位各专业之间的协调困难，需要各专业之间的人员相互协调，以确保管线布置合理，减少项目变更。二是设计人员与造价人员协调困难，设计人员的专业是设计，无法在设计的同时给出造价数据，需要二者进行反复协调，如果在设计阶段没有协调好，很容易造成后面的造价管理无法控制。

0.5.2.2　设计阶段的工程造价管理目的

在设计阶段主要的目的是根据设计阶段的预算进行满足技术要求的设计。设计阶段又分为初步设计阶段、技术设计阶段及施工图设计阶段，这三个阶段是不断递进的，每个阶段的侧重点不同，如图0.3所示。在初步设计开始前，根据批准的报告及其投资估算确定初步设计的限额设计目标。初步设计阶段对场地及周围环境进行分析研究，根据周围环境确定项目的布局，综合考虑各专业

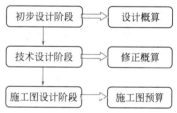

图0.3　设计阶段的造价管理流程

的技术要求形成项目的雏形。初步设计阶段的设计概算是整个项目预算的最高限额。技术设计阶段是根据技术要求，对设计进行进一步的深化，并且对图纸和设计概算进行修正，所以这一阶段的造价为修正概算。在施工图设计开始前，根据批准的初步设计文件及其投资概算确定施工图设计的限额设计目标。施工图设计阶段是连接设计和施工的纽带，设计的最终目的是施工阶段使用，所以施工图设计阶段是对技术设计阶段的进一步细化，要包含每个分项目甚至每个细节部位的施工工艺、所用材料的属性等，施工图设计阶段的施工图预算是最终施工过程中所花费的总造价的预算。

0.5.2.3　数字化手段在设计阶段造价管理的应用

建设工程设计阶段对整个项目工程造价管理的影响重大，数字化手段应用于设计阶段中，很大程度上解决了工程造价管理不足的问题。基于数字化技术的设计阶段比传统的设计阶段给该阶段的造价管理带来的改变如下所述：

（1）建筑设计的变革　设计图纸完成之后，需要进行设计交底和图纸

0.1　数字化手段在设计阶段造价管理的应用

审查，传统的方式是基于 2D 平面进行图纸审查，而且土建、水电、暖通等不同专业是分开设计的，这样在进行图纸审查时仅仅靠人为检查很难发现设计中的纰漏及不合理之处。基于数字化手段的应用可以将不同的专业整合在数字化信息共享平台，业主、承包商、设计单位、监理等在早期即可介入设计阶段，从各自不同的角度对图纸进行审核，实现协同设计，并运用如图 0.4 所示的 BIM 的可视化特性对拟建工程项目进行 3D、4D 和 5D 的虚拟碰撞检查，及时发现设计错误、设计遗漏、构件冲突等设计问题，减少施工过程中因此引起的设计变更或返工现象，缩短工期，节约成本，有效控制工程造价。同时，基于数字化信息共享平台的所有信息（图纸、报表等）都能相互关联，对设计信息进行修改和变更时更加容易。

图 0.4　BIM 虚拟碰撞检查

（2）对造价的控制更加准确、高效　BIM 技术人员在建立三维模型时，赋予了构件属性即构件的规格和型号等。构件属性如图 0.5 所示。建模完成并结束碰撞检查后，将各专业模型导入算量软件，算量软件会根据类别进行工程量统计，最后进行造价分析，不仅减少了人为计算的误差，而且得出的造价数据更为准确。

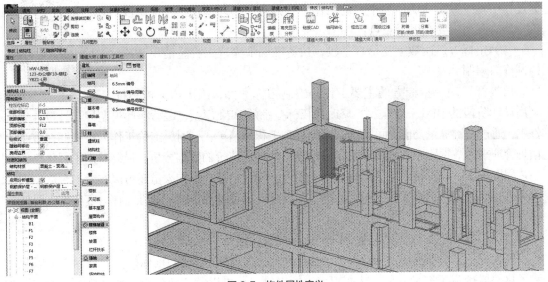

图 0.5　构件属性定义

（3）为各专业人员提供了交流平台　根据碰撞检查的结果，只需要针对出现冲突的问题进行交流，减少了交流的次数，提高了工作效率。假设最后的造价超出预期，建设单位会要求设计单位在模型中对构件及结构进行针对性的修改，修改后也能快速地得到造价数据，缩短了设计阶段的时间，为施工阶段的顺利实施奠定了基础。

0.5.3　数字化手段在招投标阶段的应用

0.5.3.1　招投标阶段的工程造价管理存在的问题

招标投标是第三方咨询公司在建设项目全过程造价管理中合同订立时重要的一环，而合理的合同订立是工程全过程造价咨询工作中的一个重要阶段。在招投标阶段，招标单位提供工程量清单以及技术要求，投标单位研究招标文件，进行工程现场调查，复核工程量清单。招投标阶段一般存在的问题：一是招标工程量清单的项目特征和工程内容不详或缺失，造成投标报价时争议多；二是投标单位对工程量进行复核时会耗费大量的人工，而所需要耗费的时间较长，人工复核也会出现误差。还有一点就是在计算工程量时，有的构件容易进行定量，但对于异形构件，工程量统计会比较困难，而且计算出来的工程量也不够准确。

0.5.3.2　招投标阶段的工程造价管理目的

建设工程招投标制是我国建筑市场走向规范化、完善化的举措之一。招投标阶段的工程造价管理其目的在于降低工程造价，进而使工程造价得到合理的控制，具体表现为：①基本形成了由市场定价的价格机制，使工程造价更加趋于合理。②能够不断降低社会平均劳动消耗水平，使工程造价得到有效控制。③便于供求双方更好地相互选择，使工程价格更加符合价值基础，进而更好地控制工程造价。④有利于规范价格行为，使公开、公平、公正的原则得以贯彻。⑤能够减少交易费用，节省人力、物力、财力，进而使工程造价有所降低。所以做好招投标阶段的工程造价管理工作尤为重要。

0.5.3.3　数字化手段在招投标阶段造价管理的应用

招投标阶段的主要工作是招标、投标和评标。然而在招标、投标、评标过程中基于数字化的信息平台的工作内容亦有所不同，在招投标阶段造价管理的应用主要有以下三点：

（1）招标方运用数字化信息手段，快速准确地完成工程量清单和招标控制价的编制

0.2　数字化手段在招投标阶段造价管理的应用

招投标阶段，招标方的主要工作是编制招标文件，确定招标控制价。利用设计阶段的 BIM 三维模型，修改成招标范围的 BIM 模型，之后将此模型导入计量计价软件中，通过一键算量功能，可快速准确地得到工程量清单；同时，造价工作人员能够在数字化信息管理平台数据库中获取最新的价格信息，再进行造价的数据分析，最终确定工程价格，这一过程体现了工程价格确定的科学性和实用性。除此之外，工作人员还可以在云平台数据库中参考已完成的相似工程实例的相关数据，从而复核工程量清单的有效性，在一定程度上降低招标方的风险。

（2）投标方运用数字化信息手段提供有效投标报价

招投标阶段，投标方主要工作是编制投标文件，提供有效的投标报价。投标方可以基于数字化手段确定工程量清单，从而拟定投标报价；还可以参考和分析云平台数据库中的企业

数据和市场价格，提高中标率。与招标方不同的是，投标方可直接利用招标方提供的 BIM 模型进行复核，确保投标价格的合理性。

（3）评标方可在云平台上快速做出合理、科学的评审

评标方可直接在云平台上获取 BIM 模型的访问权限，然后根据招标方和投标方各自提供的文件和数据快速地进行评审，简化评审程序，提高评审的效率，使评审结果更合理、科学。

从数字化信息管理平台在招投标阶段工程造价管理的应用能够看出，招标、投标、评标的过程将工程项目各参与方整合在数字化信息管理平台上，进行数据的交互、信息的传递与共享。数字化信息管理平台在招投标阶段的工程造价管理过程如图 0.6 所示，这一过程降低了招投标过程中时间和人工等方面的成本，降低了招标方的风险，提高了投标方的中标率，实现了共赢。

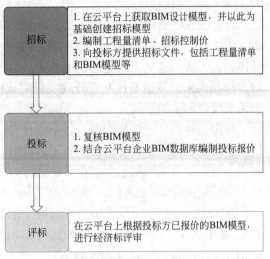

图 0.6　数字化信息管理平台在招投标阶段的工程造价管理流程

0.5.4　数字化手段在施工阶段的应用

0.5.4.1　施工阶段工程造价管理存在的问题

建设项目在施工过程中遇到的不确定因素较多且施工周期较长，在整个施工的过程中，任何一个环节的管理出现了问题，势必会影响到工程造价，本节从质量管理、进度管理、材料管理和商务管理四个方面分析了施工阶段工程造价管理所存在的问题。

（1）质量管理方面的问题

由于施工人员的专业技能不足、水平参差不齐，可能会出现质量问题。质量问题出现后会导致停工，评估提出解决措施后再施工，不仅浪费了时间，还要支付额外的费用，增加了工程造价。除此之外，质量问题还受建筑材料的影响，虽然建设工程所使用的材料有规范可依，但是也有些企业为了追求高额利润，偷工减料，使用不合格的建筑材料，造成建设工程出现质量问题，为了弥补这些质量问题，工程造价就很难控制在预算范围以内，就会增加额外的工程造价，使得工程造价管理的难度增加。

（2）进度管理方面的问题

设计阶段的二维图纸的局限性，导致审阅图纸的人员图纸解读不够准确，一旦解读错误，势必会造成返工或变更，从而对建设项目的进度有所影响，势必也增加了工程造价的管理工作。还有进度计划的编制工作，建设项目进度计划的编制，是按照编制人员的工作经验来进行的，缺乏相应的依据，而且编制的进度计划比较抽象，很难与实际的进度进行比较，一旦实际进度和计划进度出现偏差，想要纠正偏差就比较困难。

（3）材料管理方面的问题

最近两年，建筑材料价格不断攀升，材料费在工程造价中的占比也越来越高，一般占整个预算费用的 60% ～ 70% 左右，所以材料成本的控制也是工程造价管理重要的组成部分。材料的消耗分为两部分，一部分是计划清单里面的，还有一部分是在施工过程中损耗的，清

单里面的材料消耗可以统计出来，但是施工过程中损耗的那部分不好统计，这就造成材料成本控制比较困难。在材料领用上实行限额领取，但是在配发材料时，管理人员无法判断施工过程中某构件需要材料的真实用量，只能根据主观经验来判断。

（4）商务管理方面的问题

首先是在物资消耗量控制方面，在整个施工过程中，物资消耗的费用也是造价管理的重要方面。这里的物资消耗主要是人工、机械、材料，这些消耗只能通过 Excel 记录每天消耗的多少，无法与进度关联起来，也就无法确定物资消耗是否合理，即使造成了浪费也无法直观地判断出来，只能通过某个分项工程完成以后进行分析，分析完成后就算物资消耗过度，也无法找出真正的原因。

其次是在总分包结算方面，整个项目在施工阶段是分包出去的，与总分包单位和分包单位所签订的合同内容容易牵扯到施工的范围、价款以及工程量等，在测算各个分包合同预算和成本预算时只能根据经验，在后期结算时可能会出现财务纠纷。

最后是在成本控制方面，工程造价管理过程中，成本对比分析是比较重要的，它可以及时纠正在施工过程中出现的问题。在传统的造价管理中，只注重开始的预算和项目完成后实际的成本，在大多数情况下，项目完工以后，对比发现项目的实际成本远远超过预算，但是已经无法补救。

0.5.4.2 施工阶段工程造价管理目的

施工阶段是把设计转换为实物的阶段，也是按照设计阶段的设计图纸来具体施工的阶段。影响建设项目施工阶段工程造价的因素比较多，如工期、质量、进度、材料等，进行工程造价管理工作比较困难，所以此阶段的目的就是按照工期完成较好的建筑成品，并把造价控制在承包合同价范围内。

由于此阶段是全过程工程造价管理资金消耗最大的一个阶段，所以如何进行资金的安排、如何减少工程变更、如何减少材料的浪费极其关键。施工阶段的造价管理即在满足业主要求的条件下，产生最小的成本，为施工单位带来效益。

0.5.4.3 数字化手段在施工阶段造价管理的应用

施工阶段是建设项目资源消耗、成本形成的主要阶段，因此在施工阶段采取有效措施实施造价管理尤为重要。数字化技术在此阶段的应用主要是使用了 BIM5D，实现了过程算量与成本的动态分析，从而提高了成本控制的效率。BIM5D 是在 3D 建筑信息模型基础上，融入"时间"和"成本"的信息，将工程量、工程进度、工程造价等信息集成于 5D 建筑信息模型，在模型中可以统计工作量，还可将建筑构件的 3D 模型与施工进度关联起来，动态模拟施工过程，实现了进度控制和成本造价的实时监控。具体解决的问题如下：

0.3 数字化手段在施工阶段造价管理的应用

（1）运用数字化手段实现质量方面的造价管理 可以通过 BIM5D 平台对质量问题进行记录和跟踪，有效地分析出质量问题的多发部位，管理层可以根据这些记录提前做好预防，并在以后的施工过程中重点检查。这种质量管理流程能够做到事前控制，避免一些质量问题的重复出现，减少返工，也减少后期的隐患，使得工程造价管理工作能够井然有序地进行。其管理流程如图 0.7 所示。

发现问题 ⇒ 通知提醒 ⇒ 解决问题 ⇒ 复验 ⇒ 关闭保存

图 0.7 BIM 技术的质量管理流程

（2）运用数字化手段实现进度方面的造价管理　将总进度计划导入 BIM5D 施工管理平台对实际施工进度进行校核。根据施工模拟的进度，将进度和预算进行关联，制定更加详细的资金使用计划，合理安排各专业的交叉流水作业，在合理调配资源的同时，也减少了资源的浪费。根据模拟的施工进度，可按各专业流水段所需的物资编制采购计划。同时各承包商根据模拟施工进度，合理安排下一步的工作内容，有效避免窝工现象，节约成本。

在施工过程中，工程变更是不可避免的，工程变更一般会引起工程量和施工进度的变化，造成实际成本多于计划成本，因此必须快速处理、有效控制工程变更对工程成本的影响。应用 BIM5D 技术，因其模型的关联性，在发生工程变更时，只需修改模型中变更构件信息，其余关联构件会随之自动变化，并自动分析工程量变化，从而准确进行变更计量和费用计算，及时采取科学对策处理其对施工进度的影响。同时根据自动计算出的工程量合理确定变更索赔费用，使变更索赔快速准确，减少争议。

（3）运用数字化手段实现材料方面的造价管理　在施工阶段，因为工期持续时间长、市场变化快、工程建设不确定性，所以对材料消耗进行有效管理和控制是施工阶段造价管理的一大关键。以往在配发材料时，因为工期紧数据信息不全，审核人员只能根据提供的数据及自身的经验对领料单上的材料消耗数量进行大致估算，往往会发生造价超支的现象。利用 BIM5D 平台生成材料报表，现场限额领料，减少材料浪费实现了材料的合理利用。施工单位可以依据工程量编制材料用量计划，合理安排材料进场，实现材料用量动态管理，有效避免了材料的浪费，使造价控制在预算范围以内。

（4）运用数字化手段实现商务方面的造价管理　在总分包结算方面，借助数字化平台确定中标工程量、价款、预算工程量，根据施工范围，测算各个分包合同预算和成本预算，根据合同范围快速查找分包工程量清单，避免结算时的纠纷以及计算不及时等现象。随施工进度不断统计计算各阶段的工程实际成本，与预算成本、目标成本进行三算对比分析，可以很直观地看出本项目中的哪一项超出了预算成本，分析项目盈亏，若出现成本超支，及时分析偏差并采取有效措施进行实时纠偏，有效避免投资失控现象的发生，真正落实动态成本分析，实现成本的动态管理。

0.5.5　数字化手段在竣工验收阶段的应用

0.5.5.1　竣工验收阶段工程造价管理存在的问题

竣工验收阶段是工程建设中最为关键的阶段，主要任务是对整个工程项目进行检查验收，并对整个工程造价进行核算。在竣工验收阶段，造价管理人员要做好竣工结算工作，及时掌握工程实际造价情况，以便为后期投资决策提供可靠依据。当前阶段，竣工验收阶段工程造价的管理存在着较多问题，对工程造价的核算和控制产生了较大的影响，主要表现在以下几方面：

① 在项目实际的施工过程中，为了降低工程造价，缩短工期，不按照规定程序进行审批，导致工程施工中出现大量的变更，增加了整体建设成本。

② 在项目变更材料管理方面，由于建设项目较大，工期较长，材料较多，而且在实际整理材料过程中，由于变更导致的数据变动，没有得到及时的补充，导致竣工结算材料不够真实，不够全面。建设单位拿到竣工结算材料后，无法核对材料的真实性。

③ 有些单位对工程造价的控制意识较差，没有认真对待竣工验收阶段工程造价的控制工作，导致在实际的建设过程中出现较多的不合理造价。

④ 在竣工验收阶段，由于工作人员对于整个建设过程缺乏了解，使得工程结算不准确，对整个工程造价产生了较大的影响。

⑤ 在竣工验收阶段，由于工程监理人员的不到位或者监理工作的不合理，使得工程结算中的工程量无法按照合同进行计算，使得整个工程造价存在较大的误差。

由于有些建设单位对于工程造价管理工作重视程度不足，导致在建设过程中出现较多的不合理造价。这样不仅施工单位工作量大，而且建设单位审核也比较困难。因此，在实际的建设工作中，应当对竣工验收阶段的工程造价管理进行充分的重视。

0.5.5.2 竣工验收阶段工程造价管理目的

竣工验收阶段是工程造价管理的最后环节，其目的在于有效地控制工程建设成本，准确地反映建设项目的实际造价。通过工程验收审核，可以了解建设项目施工过程中实际完成的工程量、单价和费用，可以检查施工企业是否按图施工，是否有重复计价和高套定额等现象；可以了解工程项目的预算定额和取费标准是否合理，可以检查施工企业是否按照有关规定执行了费用计取标准，可以了解建设项目实施中的实际成本情况，为工程造价管理提供依据。

0.5.5.3 数字化手段在竣工验收阶段造价管理的应用

在建设项目的竣工阶段，经过前面的决策、设计、招投标、施工四个阶段信息的补充及完善，项目相关信息已经能够从已搭建的数字化信息管理平台准确地得出已完工程的实际工程量。基于数字化信息管理平台的工程造价管理，是以 BIM 模型为载体的全过程造价管理。首先在云平台数据库中提取与拟建项目相似的 BIM 模型，根据拟建项目的项目特点修改，对项目进行可行性研究，进行投资估算；其次在设计阶段创建 BIM 模型，在造价软件中获得造价数据，选择最优的设计方案；然后招标方和投标方分别根据 BIM 招投标模型确定其招标控制价或投标报价；再在项目施工阶段运用 BIM 施工模型，进行成本控制；最后在竣工阶段，运用 BIM 竣工模型进行工程结算，从多维度对比，全面分析工程项目的投资效益，并建立相应的企业内部数据库，为日后类似的拟建项目提供有效的参考数据。

数字化手段为建设工程各个阶段的造价管理均带来不同的应用价值，提升各个阶段造价管理的工作效率，预判项目的合理性和可行性，极大地降低项目实体成本、虚拟成本等。在此基础上，数字化信息管理平台可以从建设工程全过程的角度出发，建立各个阶段造价管理之间的动态联系，将项目建设各个阶段进行有机的结合，最大限度地重复利用各个环节的造价数据，实现一模多用。同时，合理安排并调整各个阶段的造价管理目标，实现基于数字化信息技术全过程工程造价管理体系，控制建设工程项目总造价，提高项目投资效益。

本绪论通过分析我国在建设项目各阶段工程造价管理中所存在的问题，从而引出数字化技术在造价管理中具有可视化、协调性、模拟性等优势。并从问题、目的、应用三方面对决策阶段、设计阶段、招投标阶段、施工阶段、竣工验收阶段的工程造价管理进行了分析，显现出数字化手段在建设项目全过程工程造价管理中的应用优势如下：

① 在决策阶段，可依托数字化手段进行投资估算和方案比选，节约了前期策划的时间，同时也可直观地选出最优方案，使得前期策划更具有科学性和有效性。

② 在设计阶段，利用数字化手段形成多专业模型的构建，提高了设计的深度和质量；通过碰撞检查、管线优化，减少了后期因返工造成的人力和物力资源的浪费，为建设项目节约了成本。

③ 在招投标阶段，运用数字化手段使得投标单位能在短时间内快速核算工程量，减少

了核算工程量的时间和误差，在一定程度上节约了人工成本。同时避免了后期因为工程量统计不准确造成的争议。

④ 在施工阶段，利用 BIM5D 施工管理平台进行施工造价管理、施工模拟、施工场地布置，动画交底，减少了因图纸误读造成的返工，提升了沟通效率；通过"三端"（即 PC 端，Web 端、手机端）能够提前对质量安全问题进行预测，做好防范，减少了因质量、安全问题造成的工程造价成本的增加；"三端"还能够根据进度合理安排资源，进行实时成本分析，对材料进行动态管理；从不同维度作对比，进行项目纠偏，保证在预算范围内完工，从而节约工期。

⑤ 在竣工阶段，建设单位可以在数字化模型中对竣工材料进行审核，方便直观地看到差异，使得竣工验收阶段更加省时省力，提高了审核结算的效率以及准确性。

综上，基于数字化技术的全生命周期造价管理可改善我国传统造价管理的缺陷，实现工程造价最小化和项目的可持续发展。在我国工程造价管理信息化的发展趋势下，由于各种问题造成了数字化技术应用于全生命周期造价管理的实施障碍，还需通过诸多行内人士和专家学者的不断努力共同解决。

 能力训练题

一、单选题

1. 建设项目全过程工程造价管理不包括以下哪个阶段？（　　　）

    A. 招投标阶段　　B. 设计阶段　　　C. 施工阶段　　　　D. 管理阶段

2. 根据国家在各阶段的发展水平不同，建筑产品的复杂程度、价格构成也不同，从而形成了不同的价格机制。建筑产品的价格表现形式经历了（　　　）阶段，从而标志着我国工程造价管理体制逐步向规范化发展。

    A. 一个阶段　　　B. 两个阶段　　　C. 三个阶段　　　　D. 四个阶段

二、多选题

1. 建筑工程造价数字化常用软件类型（　　　）。

    A. 设计类软件　　　　　　　　　B. 施工类软件

    C. 造价管理类软件　　　　　　　D. 运营管理软件

2. 数字化手段在投资决策阶段的应用主要体现在（　　　）和（　　　）。

    A. 建筑设计的变革　　　　　　　B. 投资方案的比选

    C. 招标控制价的编制　　　　　　D. 投资估算

3. 数字化手段在施工阶段造价管理的应用主要体现在以下哪几个方面？（　　　）

    A. 质量方面　　B. 进度方面　　　C. 材料方面　　　　D. 商务方面

三、辨析题

1. 请谈谈数字化手段在各阶段工程造价管理中的应用。

2. 结合所学，简述数字化手段在我国工程造价管理中的发展。

模块一

建筑模型构建及工程量计算

本模块主要讲解如何运用广联达 BIM 土建计量平台 GTJ2021 软件进行工程量的计算。通过本模块的学习，同学们要学会运用软件建模和算量的流程，能够根据工程的实际情况进行项目的设置和原始参数的修改，能够熟练使用软件准确快速地构建项目模型并正确地套用构件做法从而汇总出工程的全部工程量。作为新时期的造价人员一定要会利用造价软件，熟练掌握这些造价工具，大大提高造价工作效率。

在学习本部分内容之前对同学们提出下面几点要求：

（1）精通图纸

工程建设的依据是图纸，工程建成什么形状、需要多少材料、需要什么样的材料，依据都是图纸。所以，一名合格的造价人员一定要能看懂图纸并且精通图纸中的细节。

（2）科学严谨

作为一名优秀的造价人员，最关键的就是科学严谨。工程项目的价格往往动辄几千万，甚至几个亿，如果造价人员不够严谨，计算结果有一点点的误差，可能就给企业乃至国家造成巨大的损失。

（3）规则意识

各省份工程量计算规则均有不同，要熟悉工程所在地区的各项规范标准，按照当地规则进行算量和套价，避免因错用规则出现大的偏差。

（4）团队协作

实际工作中，一个工程项目的工程造价工作是分专业进行的，不同专业由不同的人员负责，通过分工协作共同完成，因此要学会交流、有效沟通，才能按时保质保量完成工作任务。

最后，希望同学们认真学习专业知识，打好专业基础，"怀抱梦想又脚踏实地，敢想敢为又善作善成，立志做有理想、敢担当、能吃苦、肯奋斗的新时代好青年，让青春在全面建设社会主义现代化国家的火热实践中绽放绚丽之花。"

任务1　工程概况及软件介绍

素质目标

- 具有分析归纳能力，将要点逐条提取，综合归纳；
- 具有严谨的工作态度，认真读图的能力；
- 具有宏观思维，对软件进行宏观认识和把控

知识目标

- 掌握提炼工程概况需要梳理的各项内容；
- 掌握结构设计总说明需要梳理的基本信息；
- 掌握各平面布置图及详图的分析要点；
- 掌握BIM算量软件的工作原理与计量流程

技能目标

- 能够根据图纸梳理出工程概况；
- 会根据结构设计总说明梳理出工程设置需要的基本信息；
- 能够将各平面布置图及详图的分析要点梳理清楚，归纳出重点信息；
- 能够将BIM算量软件的工作原理与计量流程综合理解，形成整体框架

 ## 任务说明

　　依据本案例工程图纸，梳理工程概况的基本信息，对图纸进行分析，获得关键信息，并从宏观层面把握 BIM 算量软件的工作原理和计量流程。

学习任务 1.1　梳理工程概况基本信息

 ## 学习任务描述

　　根据案例工程图纸，梳理工程概况的基本信息

1.1　案例工程图纸

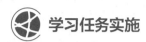

学习任务实施

在新建工程之前，首先要对工程的整体状况做基本了解，梳理出工程概况的基本信息，这是进行下一步图纸详细分析的前提条件。对工程进行整体状况分析需要阅读建筑施工图和结构施工图，梳理出工程的基本信息后再做综合性概括。请扫描二维码 1.1 获取案例工程图纸。

仔细读图，从案例工程中的建筑施工图和结构施工图得出，本工程为酒店，主要功能为商店、会议、客房、办公，地下 1 层、地上 4 层，基底面积为 532.31m²，建筑面积为 2545.36m²，建筑高度 18.80m，框架结构，结构主体高度为 14.3m，抗震设防烈度为 7 度，结构使用年限为 50 年。

学习任务 1.2 依据案例图纸分析图纸

学习任务描述

分析结构设计总说明；
分析各平面布置图及详图

学习任务实施

除了对工程进行整体概括之外，在进行软件算量之前，还要学会分析图纸内容，提取新建工程和后续建模需要的关键信息。

1.2.1 分析结构设计总说明

结构设计总说明分析主要是为下一步新建工程后的工程设置做准备。对结构设计总说明的主要内容进行分析，有利于从宏观角度把握结构设计总说明，梳理和软件算量相关的重要信息。如本案例工程当中有工程概况、设计依据、材料、地基构造、结构措施及构造、限制温度措施等分别列项的内容。相关信息梳理如下：

① 工程概况中，工程的结构类型、层数、工程的抗震等级、抗震设防烈度、基本地震加速度都会影响钢筋的长度，所以必须一一梳理，提取出来。

② 在材料这一项当中，可以看到混凝土和砌块的等级，这些亦需要在新建工程设置中进行信息修改。

③ 在结构构造与措施中，可以梳理出各结构的构造措施、混凝土保护层的信息与钢筋

设置的具体信息。

④ 在最后一项标准图集汇总当中，可以梳理出主要依据的图集为"22G101"。

以上内容均需在接下来的工程设置中进行设置。

1.2.2 分析各平面布置图及详图

在本案例工程当中，平面布置图和详图有独立基础、基础梁配筋图、基础筏板配筋图、各标高的梁平法施工图、各标高的框架柱平法施工图、各标高的楼板平法施工图、楼梯结构图、地下室外墙配筋图。对以上内容进行分析，一方面可以帮助理解结构设计总说明的部分内容，另一方面对各平面布置图及详图进行分析，系统读图，梳理关键信息，主要是为以后的建模工作做准备。以下总结需要分析了解的主要方面：

① 了解各平面布置图与详图中各构件的详细位置信息、构造情况和标注信息。

② 结合图纸说明，理解各构件的配筋详细信息，防止漏项。

③ 注意文字性描述，有些内容没有画在平面图上，而是以文字的形式表现出来。

学习任务 1.3 软件建模及计量流程

 学习任务描述

理解 BIM 算量软件的工作原理；

理清 BIM 算量软件计量流程

 学习任务实施

1.3.1 理解BIM算量软件的工作原理

根据图纸，进行工程设置，新建各构件名称并定义其属性，套清单及定额做法，建立三维模型，由软件根据清单和定额的工程量计算规则提取模型的工程量数据，进行汇总计算，统计出构件的工程量。

1.3.2 理清BIM算量软件计量流程

BIM 算量软件的具体计量流程见图 1.1。

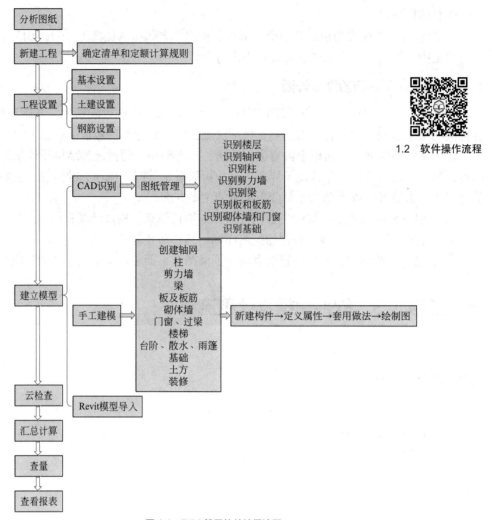

1.2 软件操作流程

图 1.1 BIM 算量软件计量流程

📖 **能力训练题**

识读二维码 1.1 的案例工程图纸，并从图纸中找出本任务中 1.2.1 和 1.2.2 提出的内容信息。

任务2 新建工程

 素质目标

- 具有细致入微的工作态度，能够细致地查看图纸；
- 具有综合分析能力，能从图纸中高效地梳理出新建工程后各项设置需要的关键信息；
- 具有科学严谨的工作作风，严格按照图纸要求进行各项信息的设置

知识目标

- 掌握新建工程和确定新建工程清单规则、定额规则、钢筋规则的方法；
- 掌握工程信息的输入方法；
- 掌握楼层设置的方法；
- 掌握钢筋设置的方法

技能目标

- 能够新建工程并根据图纸准确输入新建工程的清单规则、定额规则、钢筋规则；
- 会根据图纸正确进行工程信息的设置；
- 能够根据图纸设置出楼层并可以准确进行各楼层的混凝土强度和锚固搭接设置；
- 能够根据图纸准确进行钢筋设置

任务说明

根据本案例工程的建筑施工图和结构施工图内容，新建工程文件，确定工程的清单规则、定额规则、钢筋规则，分析图纸，梳理出重要信息，进行工程设置，完成工程信息的填写和楼层信息的设置，并完成土建设置与钢筋设置。

学习任务 2.1　新建工程

 学习任务描述

打开广联达 BIM 土建计量平台软件；
在广联达 BIM 土建计量平台软件中新建工程

学习任务实施

2.1.1 打开广联达BIM土建计量平台软件

（1）方法1 双击桌面上的广联达 BIM 土建计量平台图标，打开广联达土建计量平台。

（2）方法2 选择【开始】→【程序】→【广联达建设工程造价管理整体解决方案】→【 BIM 土建计量平台 GTJ2021】。

2.1.2 在广联达BIM土建计量平台软件中新建工程

① 点击左上角的【新建】命令，打开"新建工程"对话框，如图 2.1 所示。

② 在弹出的"新建工程"对话框中，输入各项信息。在工程名称中输入本项目"酒店"，分别选择计算规则当中的清单规则与定额规则。根据本项目要求，清单规则选择"房屋建筑与装饰工程计量规范计算规则（2013- 河北）（R1.0.27.2）"，定额规则选用"全国统一建筑工程基础定额河北省消耗量定额计算规则（2012）-13 清单（R1.0.27.2）"。在计算规则设置完成后，清单定额库会自动生成，无需再进行选择。根据图纸要求，在钢筋规则一栏，平法规则选用"22 系平法规则"，汇总方式选择"按照钢筋图示尺寸 - 即外皮汇总"。以上内容见图 2.2。

③ 点击【创建工程】按钮，创建工程，如图 2.2 所示。

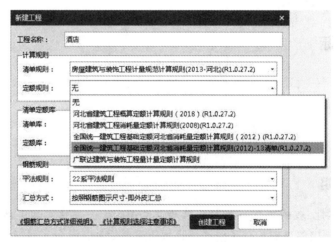

2.1 新建工程

图 2.1 "新建"按钮   图 2.2 "新建工程"对话框

学习任务 2.2 根据案例工程进行工程设置

 学习任务描述

在软件中输入案例工程信息；

根据案例工程在软件中进行楼层设置；

根据案例工程在软件中进行土建设置；

根据案例工程在软件中进行钢筋设置

 学习任务实施

2.2.1 在软件中输入案例工程信息

① 点击菜单栏中的【工程设置】，此时，在菜单栏下方的功能区，展示出基本设置、土建设置、钢筋设置三栏，点击基本设置栏的【工程信息】，进入"工程信息"对话框，见图 2.3。

	属性名称	属性值
7	地上层数(层):	4
8	地下层数(层):	1
9	裙房层数:	0
10	建筑面积(m²):	2545.36
11	地上面积(m²):	1993.66
12	地下面积(m²):	551.7
13	人防工程:	无人防
14	檐高(m):	14.3
15	结构类型:	框架结构
16	基础形式:	筏形基础+基础梁
17	☐ 建筑结构等级参数:	
18	抗震设防类别:	丙类
19	抗震等级:	三级抗震
20	☐ 地震参数:	
21	设防烈度:	7
22	基本地震加速度（g）:	0.15
23	设计地震分组:	第二组
24	环境类别:	二a
25	☐ 施工信息:	
26	钢筋接头形式:	绑扎搭接+机械连接
27	室外地坪相对±0.000标高(m):	-1.1
28	基础埋深(m):	3.8
29	标准层高(m):	3

图 2.3 "工程信息"对话框

② 在弹出的"工程信息"对话框进行工程信息的输入，其中蓝色字体的设置参数会直接影响工程量的计算，黑色字体的设置参数不会影响到工程量的计算。由于蓝色字体部分影响工程量的计算，此处先对蓝色字体部分进行设置。根据酒店图纸，室外地坪标高为 −1.100m，顶板标高为 13.200m，所以檐高为 14.3m，在檐高处输入"14.3"；根据图纸，结构类型选择框架结构，抗震等级选择"三级抗震"（在输入檐高、结构类型、设防烈度后也可自动生成抗震等级）；设防烈度选择"7"；室外地坪相对 ±0.000 标高处输入"−1.1"；冻土厚度输入"600"，湿土厚度输入"0"。蓝色字体部分设置完成后，如图 2.3 所示。

③ 再根据图纸信息，输入黑色字体部分的工程信息，完成后主要信息如图 2.3 所示。

2.2.2 根据案例工程在软件中进行楼层设置

（1）楼层信息的输入

点击【楼层设置】，打开"楼层设置"对话框，根据图纸内容设置楼层信息。在此可以参照结构图纸当中的楼层信息表，见图2.4，进行楼层设置。软件默认存在基础层和首层。通过单击【插入楼层】可插入新的楼层，【删除楼层】可以删除多余的楼层，【上移】和【下移】可移动上下位置。将鼠标左键点击基础层后插入，此时插入−1层，将鼠标点击首层后插入，插入的为第2层，以此类推。在插入楼层的同时，将编码为5、6的楼层名称分别改为"主屋面"和"电梯机房"，再进行楼层层高和底标高的设置，只有首层的底标高可以更改，其他层的底标高不能更改，依照楼层信息表，输入首层底标高和相应的层高可自动生成各层的底标高，最后根据结构图纸中的楼板平法施工图信息，输入各层的主要板厚。设置好的楼层见图2.5。

注意，首层最前面的"√"为首层标记。

层号	层底标高/m	层高/m	混凝土强度等级
电梯机房	17.200		
主屋面	13.200	4.000	C30
4	10.100	3.100	C30
3	7.100	3.000	C30
2	4.100	3.000	C30
1	−0.100	4.200	C35
−1	基础顶	3.900	C35

图 2.4　楼层信息表

首层	编码	楼层名称	层高(m)	底标高(m)	相同层数	板厚(mm)	建筑面积(m²)
☐	6	电梯机房	3	17.2	1	100	(0)
☐	5	主屋面	4	13.2	1	100	(0)
☐	4	第4层	3.1	10.1	1	100	(0)
☐	3	第3层	3	7.1	1	100	(0)
☐	2	第2层	3	4.1	1	100	(0)
☑	1	首层	4.2	-0.1	1	100	(0)
☐	-1	第-1层	3.9	-4	1	120	(0)
☐	0	基础层	0.9	-4.9	1	500	(0)

图 2.5　创建楼层界面

（2）楼层混凝土强度和锚固搭接设置

由于抗震等级已经在工程设置中设置为三级抗震，在此可以看到抗震等级已经显示，不需要重新设置，如图2.6所示。根据结构设计说明第三项材料当中的5、6两项，见图2.7，可知案例工程中材料的使用情况，据此，可设置各层的混凝土强度等级。

楼层混凝土强度和锚固搭接设置（酒店 基础层，-4.90 ～ -4.00 m）

	抗震等级	混凝土强度等级	混凝土类型	砂浆标号	砂浆类型	HPB 235(A) …
垫层	(非抗震)	C15	预拌混凝土	M5.0	水泥砂浆…	(39)
基础	(三级抗震)	C35	预拌混凝土	M5.0	水泥砂浆…	(29)
基础梁/承台梁	(三级抗震)	C35	预拌混凝土			(29)
柱	(三级抗震)	C35	预拌混凝土	M5.0	水泥砂浆…	(29)
剪力墙	(三级抗震)	C35	预拌混凝土			(29)
人防门框墙	(三级抗震)	C20	预拌混凝土			(41)
暗柱	(三级抗震)	C20	预拌混凝土			(41)
端柱	(三级抗震)	C20	预拌混凝土			(41)
墙梁	(三级抗震)	C20	预拌混凝土			(41)
框架梁	(三级抗震)	C20	预拌混凝土			(41)
非框架梁	(非抗震)	C20	预拌混凝土			(39)
现浇板	(非抗震)	C20	预拌混凝土			(39)
楼梯	(非抗震)	C20	预拌混凝土			(39)

图 2.6　"楼层混凝土强度和锚固搭接设置"基础层界面

2.2　楼层设置
——建楼层

2.3　楼层设置
——修改信息

5. 混凝土: 1)基础详基础平面图:基础、挡土墙:C35。   3)楼板施工后严格控制水胶比,并加强养护,防止出现干缩裂缝。
2)基础顶~4.100m框架柱、框架梁、现浇楼板C35,标高4.100 m以上:框架柱、框架梁、现浇楼板C30。
构造柱、过梁、圈梁C25。各垫层以外的混凝土均采用预拌引气混凝土。

6. 砌体: 1)填充墙采用加气混凝土砌块,干密度B07,强度等级 A5.0,预拌砌筑砂浆DM5。
±0.000~地下室地面采用混凝土空心砌块MU7.5,预拌水泥砂浆DM7.5,孔洞用Cb20的混凝土预先灌实,
填充墙顶部与梁或板应顶紧砌筑。
2)严格控制砌体砌筑时加气混凝土砌块的出釜时间,出釜时间少于28天的砌块不得上墙,砌块堆放及砌体砌筑后均
应采取有效措施,防止上端湿或受水浸泡,砌筑时严禁大量浇水,且宜向砌筑面适量浇水,墙面砌筑两周后方可进行表面
处理和进行抹灰,在同一墙身的两面,不得同时满铺不透气面层,砂浆均采用预拌砂浆。

图2.7 各标高材料使用情况

① 首先,设置基础层,将基础、基础梁、柱、剪力墙的混凝土等级改为 C35,如图 2.6 所示。

② 接着设置第 −1 层,将柱、剪力墙、暗柱、端柱、框架梁、非框架梁、现浇板等的混凝土等级改为 C35,将构造柱、圈梁、过梁等的混凝土等级改为 C25,将砌体墙柱的砂浆标号改为 M7.5,砂浆类型改为预拌砂浆,设置完成后如图 2.8 所示。

③ 再设置首层,由于首层和第 −1 层的材料信息相同,可以将第 −1 层的信息复制到首层。点击楼层设置最下端【复制到其他楼层】,弹出如图 2.9 所示"复制到其他楼层"对话框,勾选首层,点击【确定】,将第 −1 层设置好的信息复制到首层。

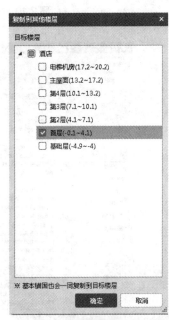

楼层混凝土强度和锚固搭接设置(酒店 第-1层,-4.00 ~ -0.10 m)						
	抗震等级	混凝土强度等级	混凝土类型	砂浆标号	砂浆类型	HPB 235(A) ...
垫层	(非抗震)	C15	预拌混凝土	M5.0	水泥砂浆...	(39)
基础	(三级抗震)	C20	预拌混凝土	M5.0	水泥砂浆...	(41)
基础梁 / 承台梁	(三级抗震)	C20	预拌混凝土			(41)
柱	(三级抗震)	C35	预拌混凝土	M5.0	水泥砂浆...	(29)
剪力墙	(三级抗震)	C35	预拌混凝土			(29)
人防门框墙	(三级抗震)	C20	预拌混凝土			(41)
暗柱	(三级抗震)	C35	预拌混凝土			(29)
端柱	(三级抗震)	C35	预拌混凝土			(29)
墙梁	(三级抗震)	C20	预拌混凝土			(41)
框架梁	(三级抗震)	C35	预拌混凝土			(29)
非框架梁	(非抗震)	C35	预拌混凝土			(28)
现浇板	(非抗震)	C35	预拌混凝土			(28)
楼梯	(非抗震)	C35	预拌混凝土			(28)
构造柱	(三级抗震)	C25	预拌混凝土			(36)
圈梁 / 过梁	(三级抗震)	C25	预拌混凝土			(36)
砌体墙柱	(非抗震)	C15	现浇混凝土中砂...	M7.5	预拌砂浆	(39)
其它	(非抗震)	C20	预拌混凝土	M5.0	水泥砂浆...	(39)
叠合板(预制底板)	(非抗震)	C30	预拌混凝土			(30)

图2.8 "楼层混凝土强度和锚固搭接设置"第 −1 层界面

复制到其他楼层

目标楼层

▲ ☐ 酒店
 ☐ 电梯机房(17.2~20.2)
 ☐ 主屋面(13.2~17.2)
 ☐ 第4层(10.1~13.2)
 ☐ 第3层(7.1~10.1)
 ☐ 第2层(4.1~7.1)
 ☑ 首层(-0.1~4.1)
 ☐ 基础层(-4.9~-4)

※ 基本锚固也会一同复制到目标楼层

确定   取消

图2.9 "复制到其他楼层"对话框

④ 根据结构设计说明,第 2 层以上材料信息相同,可以将第 2 层设置好之后,再复制到其他各层,操作方法和上述相同。

2.2.3 根据案例工程在软件中进行土建设置

土建设置包含计算设置与计算规则,主要针对的是工程量计算设置,软件按照规范进行设置,在新建工程时,已经选择了相应的规则,所以,计算设置与计算规则已生成,不需要改动。

2.2.4 根据案例工程在软件中进行钢筋设置

钢筋设置分为计算设置、比重设置、弯钩设置、弯曲调整值设置、损耗设置。由于新建工程时选择了 22G101 图集，钢筋设置中的各项内容和 22G101 图集的内容相符。但是，对于 22G101 图集中未严格规定的内容，图纸中有部分内容和软件当中的内容不完全一致时，需要在此更改。

2.2.4.1 本案例工程的计算设置更改

根据图纸要求，本案例工程需做下列部分更改。

（1）计算规则的更改

① 板的分布筋设置更改。

结构设计说明中关于现浇板未注明的分布筋有如下的设置，见图 2.10，因此，需要在【钢筋设置】→【计算设置】中进行修改。具体操作为：点击【计算设置】→【计算规则】→【板】→"分布钢筋配置"后的表格，如图 2.11 所示，激活表格，点击表格末尾的图标，进入如图 2.12 所示"分布钢筋配置"对话框，选择"同一板厚的分布筋相同"。根据图纸中的要求，输入板厚的范围和分布钢筋配置，如图 2.12 所示，输入完成后点击【确定】。

9）现浇板中未注明的分布筋见下表 表4

板厚 h/mm	h<75	75<h<90	90<h<130	130<h<160	160<h<220	220<h<250
分布筋	φ6@250	φ6@200	φ8@250	φ8@200	φ8@150	φ8@130

图 2.10 现浇板未注明的分布筋

2.4 土建设置与钢筋设置

图 2.11 计算规则"板"设置界面

② 主梁内次梁作用处的附加箍筋。

结构设计说明中有如下说明：主梁内在次梁作用处，箍筋应贯通布置，除图中另加注明者外，均在主梁上的次梁两侧各附加 3 根箍筋，肢数、直径同主梁箍筋，间距 50mm，见图 2.13。具体操作为：点击【计算设置】→【计算规则】→【框架梁】→"次梁两侧共增加箍筋数量"后的表格，激活表格，将"0"改为"6"，如图 2.14 所示。

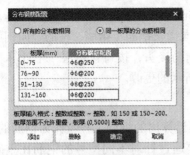

图 2.12 “分布钢筋配置”对话框

6)主梁内在次梁作用处,箍筋应贯通布置,除图中另加注明者外,均在主梁上的次梁两侧各附加3根箍筋,肢数、直径同主梁箍筋,间距50mm。

图 2.13 主梁内次梁作用处的附加箍筋

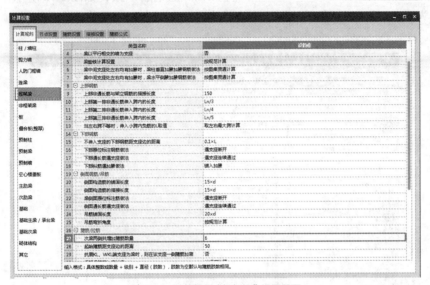

图 2.14 计算规则“框架梁”设置界面

（2）搭接设置更改

左键单击【计算设置】→【搭接设置】出现如图 2.15 所示的表格，依据《全国统一建筑工程基础定额 河北省消耗量定额》计算规则（2012）中 A.4 混凝土及钢筋混凝土工程的说明部分第二条钢筋条目下的第 2 子条：“设计图纸已规定的按设计图纸计算；设计图纸未作规定，焊接或绑扎的混凝土水平通常钢筋搭接，直径 10mm 以内按每 12m 一个接头；直径

	钢筋直径范围	连接形式								墙柱垂直筋定尺	其余钢筋定尺
		基础	框架梁	非框架梁	柱	板	墙水平筋	墙垂直筋	其它		
1	HPB235,HPB300										
2	3~10	绑扎	绑扎	绑扎	绑扎	绑扎	绑扎	绑扎	绑扎	12000	12000
3	12~14	绑扎	绑扎	绑扎	绑扎	绑扎	绑扎	绑扎	绑扎	10000	10000
4	16~22	直螺纹连接	直螺纹连接	直螺纹连接	电渣压力焊	直螺纹连接	直螺纹连接	电渣压力焊	电渣压力焊	10000	10000
5	25~32	套管挤压	套管挤压	套管挤压	套管挤压	套管挤压	套管挤压	套管挤压	套管挤压	9000	9000
6	HRB335,HRB335E,HRBF335,HRBF335E										
7	3~10	绑扎	绑扎	绑扎	绑扎	绑扎	绑扎	绑扎	绑扎	12000	12000
8	12~14	绑扎	绑扎	绑扎	绑扎	绑扎	绑扎	绑扎	绑扎	10000	10000
9	16~22	直螺纹连接	直螺纹连接	直螺纹连接	电渣压力焊	直螺纹连接	直螺纹连接	电渣压力焊	电渣压力焊	10000	10000
10	25~50	套管挤压	套管挤压	套管挤压	套管挤压	套管挤压	套管挤压	套管挤压	套管挤压	9000	9000
11	HRB400,HRB400E,HRBF400,HRBF400E,RR...										
12	3~10	绑扎	绑扎	绑扎	绑扎	绑扎	绑扎	绑扎	绑扎	12000	12000
13	12~14	绑扎	绑扎	绑扎	绑扎	绑扎	绑扎	绑扎	绑扎	10000	10000
14	16~22	直螺纹连接	直螺纹连接	直螺纹连接	电渣压力焊	直螺纹连接	直螺纹连接	电渣压力焊	电渣压力焊	10000	10000
15	25~50	套管挤压	套管挤压	套管挤压	套管挤压	套管挤压	套管挤压	套管挤压	套管挤压	9000	9000
16	冷轧带肋钢筋										
17	4~12	绑扎	绑扎	绑扎	绑扎	绑扎	绑扎	绑扎	绑扎	8000	6000
18	冷轧扭钢筋										
19	6.5~14	绑扎	绑扎	绑扎	绑扎	绑扎	绑扎	绑扎	绑扎	8000	8000

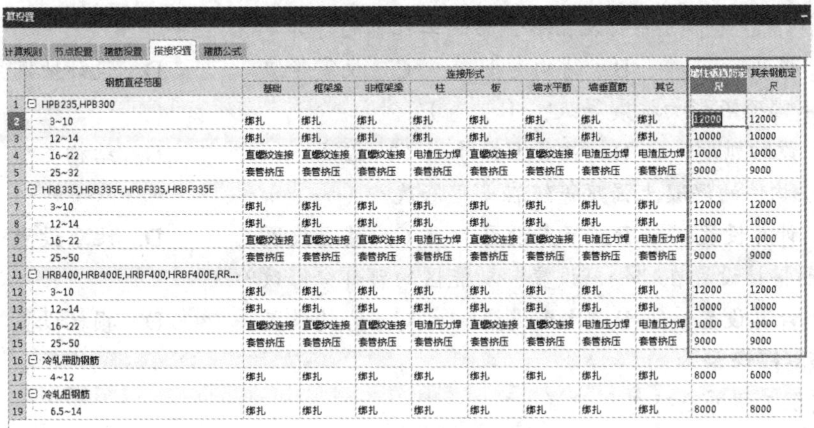

图 2.15 搭接设置界面

10mm 以上至 25mm 以内按每 10m 一个接头；直径 25mm 以上按每 9m 一个接头计算，搭接长度按规范及设计规定计算。焊接或绑扎的混凝土竖向通长钢筋（指墙、柱的竖向钢筋）亦按以上规定计算，但层高小于规定接头间距的竖向钢筋接头，按每自然层一个计算。"，将"其余钢筋定尺"和"墙柱垂直筋定尺"做如图 2.15 所示的更改。

2.2.4.2 本案例工程的比重设置更改

广联达土建计量平台 GTJ2021 是以根据标准图集计算出的钢筋工程量作为钢筋的长度，但实际在市场购买钢筋时则按重量计算，因此，需要通过针对不同型号的钢筋比重确定重量。直径 6mm 的钢筋需要改为"0.26"，同 6.5mm 的钢筋一致，如图 2.16 所示，这是因为设计直径为 6mm 的一级钢筋，实际生产直径为 6.5mm，所以需要修改。

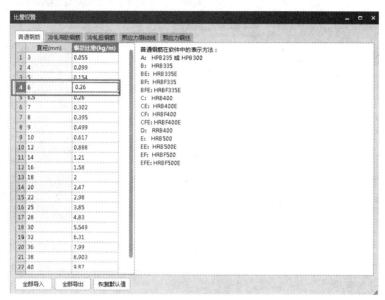

图 2.16　比重设置界面

📖 能力训练题

一、选择题

1. 工程信息当中的哪项设置不会影响工程量的计算？（　　）
   A. 檐高　　　　　B. 结构类型　　　C. 抗震等级　　　　D. 设计地震分组
2. 以下哪项不影响抗震等级？（　　）
   A. 设防烈度　　　B. 混凝土标号　　C. 檐高　　　　　　D. 结构类型
3. 楼层构件的混凝土强度等级在哪里修改？（　　）
   A. 计算设置　　　B. 节点设置　　　C. 楼层设置　　　　D. 比重设置
4. 钢筋搭接设置在"钢筋设置"功能区的哪部分修改？（　　）
   A. 计算设置　　　B. 比重设置　　　C. 弯钩设置　　　　D. 损耗设置

二、技能操作题

新建图纸工程并进行工程设置。

任务3 创建及修改轴网

素质目标

- 具有踏实的工作态度，"不积跬步，无以至千里"，建模的任务从轴网开始；
- 具有灵活的发散思维，多角度性解决问题的能力，命令和工具能灵活性组合应用；
- 具有责任心，每一步操作均需按照图纸进行，不能出现失误，否则后续建模也将错误

知识目标

- 掌握正交轴网与辅助轴线的绘制方法；
- 掌握斜交轴网和圆弧轴网的绘制方法；
- 掌握轴网和辅助轴线的二次编辑和修改方法；
- 掌握轴网的合并方法；
- 掌握视图旋转、利用鼠标滚轮缩放与平移等方便查看轴网视图的快捷方法

技能目标

- 能够根据图纸准确绘制正交轴网；
- 会绘制斜交轴网与圆弧轴网；
- 能够根据图纸中轴网的实际情况进行轴网与辅助轴线的二次编辑与修改；
- 能够进行轴网的合并；
- 能够方便快捷地查看轴网视图

任务说明

　　建筑物基础、柱、梁、板、墙等主要构件的相对位置是依靠轴线来确定的，画图时应首先确定轴线位置，然后才能绘制柱、梁等承重构件。根据案例工程结构施工图纸（扫二维码1.1获取），完成案例工程正交轴网的新建与绘制，完成辅助轴线的绘制，并完成案例工程轴网和辅助轴线的二次编辑，依据案例工程作图的需要练习删除命令以及利用视图旋转灵活查看轴网。除了案例工程需要的技能，还要完成用其他方法定义轴距、创建斜交轴网、创建圆弧轴网，合并轴网以及学会轴网二次编辑与修改的其他命令的使用方法。

学习任务 3.1　绘制工程轴网

 学习任务描述

新建案例工程轴网；

输入案例工程轴距和轴号；

对案例工程进行视图旋转

 学习任务实施

3.1.1　新建案例工程轴网

① 在导航栏选择【轴线】→【轴网】，如图 3.1 所示，单击构件列表工具栏的按钮【新建】→【新建正交轴网】，打开轴网定义界面。

② 在属性列表名称处输入轴网的名称，默认为"轴网 -1"，如图 3.2 所示。如果工程由多个轴网拼接而成，则建议填入的名称可以区分不同轴网，清晰了然。

3.1　轴网的创建

图 3.1　新建正交轴网界面

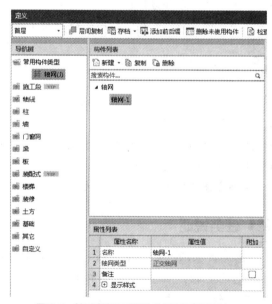

图 3.2　轴网定义界面的构件列表和属性列表

3.1.2　输入案例工程的轴距和轴号

① 选择一种轴距类型，软件提供了下开间、左进深、上开间、右进深四种类型来定义开间、进深的轴距。在本案例中，先按默认选择【下开间】来输入轴距。所参照图纸为结构图纸部分的"基础～ -0.100m 框架柱平法施工图"。

单击【插入】3 次，按照所参照的结构施工图修改轴距，分别输入 6250、2200、5450，如图 3.3 所示。

② 单击【右进深】按钮→单击【插入】11 次,如图 3.4 所示。

③ 插入之后,软件中的轴号名称和参照图纸中的轴号不一致,图纸当中没有"I"轴号,但是软件当中自动按字母顺序排序,有"I"轴号,如图 3.4 所示。鼠标单击需要更改的轴号,这时对应的表格被激活,输入正确的轴号,如图 3.5 所示。

图 3.3 下开间轴网创建界面

图 3.4 右进深轴网创建界面(一)

④ 参照图纸更改轴距,依次输入 3350、3400、3400、3400、3400、2800、3400、3400、3400、3000、2950,如图 3.6 所示。本案例轴网较为简单,上下开间和左右开间的轴距、轴号一致,如果案例工程中上下开间或者左右进深不同时,输入上下开间和左右进深之后,可使用【轴号自动排序】命令,轴号会依据上下左右的数据自动排序,无须手动调节。

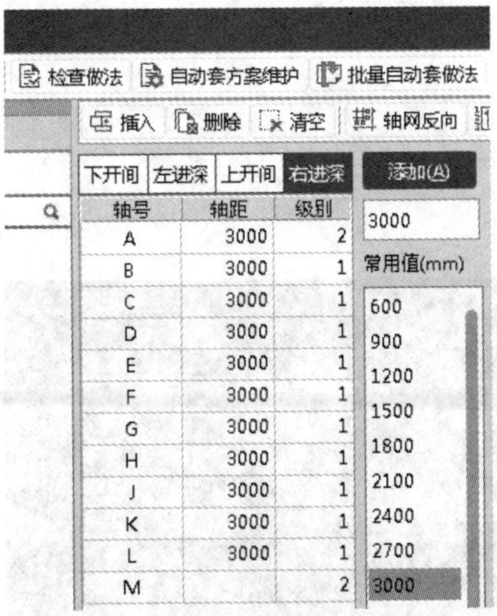

图 3.5 右进深轴网创建界面(二)

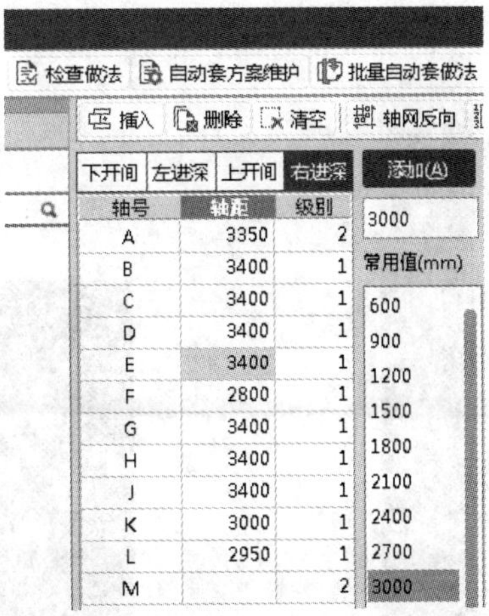

图 3.6 右进深轴网创建界面(三)

⑤ 关闭界面,弹出"请输入角度"对话框,本案例轴网与 X 方向的角度为 0°,软件中默认值即为 0,单击【确定】按钮,如图 3.7 所示。至此轴网建立完成,如图 3.8 所示。注

意，在绘图区，滚动鼠标滚轮可放大或者缩小屏幕显示比例，按住鼠标滚轮移动可拖动绘图区屏幕，这样可以方便查看所绘制的轴网。

图 3.7 请输入角度对话框

3.1.3 对案例工程进行视图旋转

为了方便查看创建的轴网，可以使用仅针对视图的旋转命令，点击【视图】选项卡下功能区的【顺旋转 90°】，如图 3.9 所示，也可单击绘图区右侧的旋转图标，如图 3.10 所示，这两个按钮的功能完全一致，下拉菜单中包括"顺旋转 90°""逆旋转 90°""按图元旋转""恢复视图"几项。单击后，轴网视图发生旋转，如图 3.11 所示，接着点击【恢复视图】，绘图区视图恢复。

图 3.8 创建完成的轴网 -1

图 3.9 视图选项卡操作功能区的视图旋转按钮

图 3.10 绘图区的视图旋转按钮

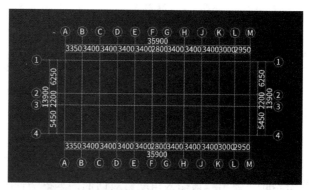

图 3.11 视图顺时针旋转 90° 的轴网

学习任务 3.2 绘制辅助轴线

 学习任务描述

绘制案例工程中的辅助轴线；
二次编辑辅助轴线

 学习任务实施

3.2.1 绘制案例工程中的辅助轴线

在一般工程当中，除了主要定位轴线，还有一部分辅助轴线。查看"基础～ -0.100m 框架柱平法施工图"，除了轴网还有两条辅助轴线。下面给出本案例辅助轴线的绘制方法。

① 点击左侧导航树【轴线】下的【辅助轴线】，如图 3.12 所示。

② 再点击建模功能区的【两点辅轴】右侧的 ▬ 图标，在弹出的下拉菜单中，点击【平行辅轴】，如图 3.13 所示。

③ 根据参考图纸可知，辅助轴线在Ⓐ轴下方，距离Ⓐ轴 550mm。将鼠标移至Ⓐ轴，点击鼠标，选定基准轴线，在弹出的对话框中输入距离"-550"，点击【确定】，如图 3.14 所示，此辅助轴线不需要输入轴号。辅助轴线绘制完成，如图 3.15 所示。（注意：输入值的正负代表偏移的方向，正值代表向上或者向右偏移。）

④ 轴线①左侧的辅助轴线和以上绘制方法相同。

图 3.12 导航树

图 3.13 创建平行辅轴界面

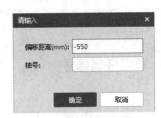

图 3.14 辅助轴线偏移距离输入框

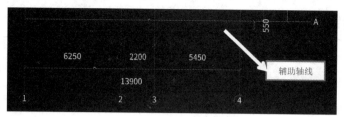

图 3.15 创建完成的辅助轴线

3.2 辅助轴线绘制

3.2.2 二次编辑辅助轴线

本工程案例中，辅助轴线需要进行二次编辑，根据图纸，将①轴左侧的辅助轴线适当进行缩短。在辅助轴线状态下，点击【修剪轴线】，如图 3.16 所示，再将鼠标移至如图 3.17 中"×"号所在的位置左键点击，再左键点击"×"的上侧轴线，上侧被修剪掉。注意：退出当前命令状态可按【Esc】键，或者左键单击软件左上角的图标，回到选择状态。

图 3.16 "修剪轴线"按钮

图 3.17 "修剪轴线"命令状态

学习任务 3.3 删除轴网

 学习任务描述

在案例工程中练习删除轴网

学习任务实施

在建模过程中不免会出现失误，可用删除轴网的方法删除错误的轴网。

（1）方法一

点击导航树中的【轴线】→【轴网】，然后点击【删除】按钮，再用鼠标左键点击需要删除的轴网，右击【确定】。或者，选择轴网，再点击【删除】命令，轴网删除。注意，"删除"按钮在"建模"状态下的功能区，如图 3.18 所示。辅助轴线的删除方法与轴网相同。

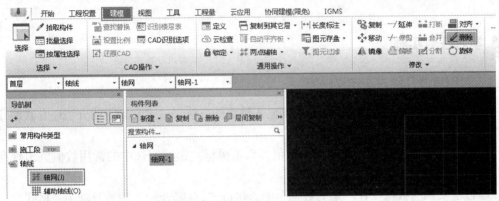

图 3.18　修改功能区的"删除"按钮

（2）方法二

点击导航树中的【轴线】→【轴网】，然后选中"轴网 -1"，点击【删除】按钮，删除"轴网 -1"，如图 3.19 所示。

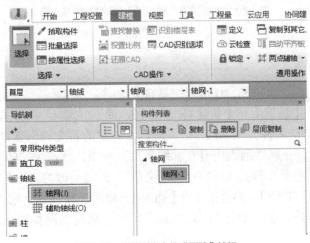

图 3.19　构件列表中的"删除"按钮

学习任务 3.4　练习轴网创建、定义和编辑的其他方法

 学习任务描述

利用其他几种方法定义轴距；

绘制斜交轴网；

绘制圆弧轴网；

练习二次编辑轴网的其他命令；

修改轴网；

合并轴网

 学习任务实施

3.4.1　利用其他几种方法定义轴距

除了案例工程中使用的直接在输入框输入轴距的方法外，定义轴距的方法还有其他几种方法。

① 从常用数值中选取，选中常用数值，双击鼠标左键，所选中的常用数值就出现在定义轴距的单元格上。

② 自定义轴网数据：在"定义数据"中直接以","隔开输入轴号及轴距。格式为：轴号，轴距，轴号，轴距，轴号……依次类推。

例如本案例工程，在新建正交轴网之后，选择【下开间】，在弹窗右下方有一栏"定义数据"，在框内输入如图 3.20 中的数据，下开间轴网数据就设置好了。

定义数据(D): A,6250,B,2200,C,5450

图 3.20　轴网"定义"界面中的"定义数据"输入框

3.4.2　绘制斜交轴网

软件除了可以绘制正交轴网，还可以绘制斜交轴网。

点击【轴网】→【新建】→【新建斜交轴网】，弹出"定义"对话框。因前面已创建正交轴网，正交轴网默认名称为"轴网 -1"，所以，新建的斜交轴网软件默认名称为"轴网 -2"。如图 3.21 所示，在属性列表中有"轴线夹角"一项，默认为"60"，可以根据所建案例工程的实际轴网夹角更改斜交轴网的"轴线夹角"，此处更改为"45"。

鼠标左键点击【下开间】，再点击 3 次【插入】，如图 3.21 所示，输入轴距皆为"4500"，再点击【左进深】4 次，输入轴距皆为"6000"，所绘制的轴网如图 3.22 所示，即为夹角 45° 的斜交轴网。

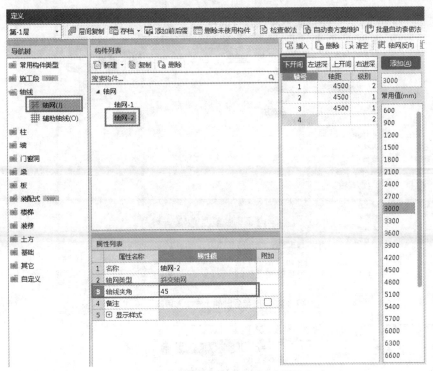

图 3.21 新建"轴网-2"的"定义"界面

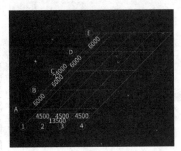

图 3.22 夹角 45°的斜交轴网

3.4.3 绘制圆弧轴网

软件除了可以绘制正交轴网、斜交轴网，还可以绘制圆弧轴网。

点击【轴网】→【新建】→【新建圆弧轴网】，弹出"定义"对话框。因前面已创建正交轴网和斜交轴网，正交轴网默认名称为"轴网-1"，斜交轴网默认名称为"轴网-2"，所以，新建的圆弧轴网软件默认名称为"轴网-3"，可在如图 3.23 中的属性列表中更改名称，此处，更改为"圆弧轴网"，并将起始半径更改为"1000"。

鼠标左键点击【下开间】，再点击【插入】3 次，角度栏皆输入"30"，如图 3.23 所示。再点击【左进深】，接着点击【插入】3 次，输入弧距分别为"6250""2200""5450"，勾选"顺时针"，如图 3.24 所示。此时绘制完圆弧轴网，如图 3.25 所示。

注意，起始半径指的是如图 3.26 箭头所示的距离，通过此设置，可以确定圆弧轴线的圆心位置。顺时针和逆时针可以决定圆弧轴网的旋转方向，如图 3.27 为未勾选"顺时针"的轴网，图 3.25 为勾选"顺时针"的轴网。

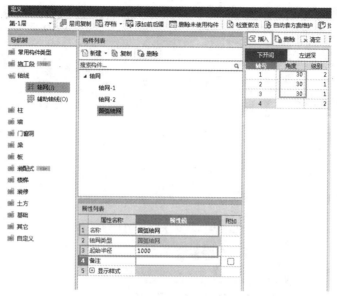

图 3.23　圆弧轴网的"定义"界面（一）

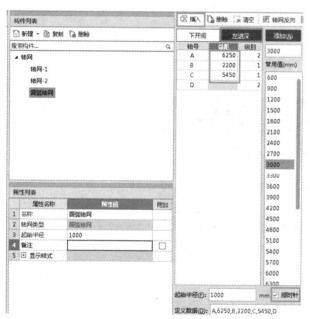

图 3.24　圆弧轴网的"定义"界面（二）

图 3.25　顺时针的圆弧轴网

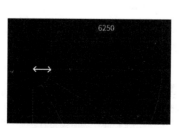

图 3.26　起始半径

图 3.27　未勾选"顺时针"的圆弧轴网

3.4.4 练习二次编辑轴网的其他命令

除了前面建立案例工程正交轴网所用到的"修剪轴线"，轴网与辅助轴线的二次编辑还有其他命令，例如"修改轴距""修改轴号""拉框修剪"等，见图3.28、图3.29。

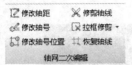
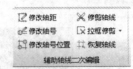

图3.28 "轴网二次编辑"功能区　　　　图3.29 "辅助轴线二次编辑"功能区

以上面所创建的正交轴网即"轴网-1"为例，进行轴网二次编辑的操作讲述。

（1）修改轴号位置

如图3.8所示，创建成功的正交轴网，轴号标注在下方和右方，这是因为在创建时选择的是"下开间"和"右进深"的缘故。左键单击图3.28中的【修改轴号位置】，框选正交轴网的所有轴线，点击鼠标右键，弹出如图3.30所示的对话框，选择"两端标注"，点击【确定】，轴网的上下左右皆出现轴网标注。

（2）修改轴号

如果轴号和参考图纸中不一致，可能是在创建时出现了错误，创建好之后仍可以更改轴号。假若此正交轴网的轴号在创建时未更改，是由软件自动排序形成的，如图3.31所示。但是，参照图纸当中并没有"Ⓘ"轴号，需要修改。左键单击图3.28中的【修改轴号】，点击"Ⓘ"轴，弹出如图3.32所示的对话框，将"Ⓘ"改为"J"，按照以上操作，依次将"Ⓙ""Ⓚ""Ⓛ"轴的轴号改为"K""L""M"。

图3.30 "修改轴号位置"对话框

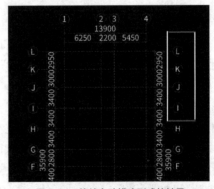

图3.31 软件自动排序形成的轴号

（3）修改轴距

若在创建轴网时，轴距输入发生错误，在创建好之后还可进行修改。假如"轴网-1"的Ⓐ、Ⓑ轴之间数据错误，如图3.33所示，轴距为"3000"，对照参考图纸，轴距则为"3350"，需要将"3000"改为"3350"。左键单击图3.28中的【修改轴距】，继续单击Ⓑ轴，弹出如图3.34所示的对话框，在轴距一栏输入"3350"，点击【确定】，轴距修改完成。

（4）拉框修剪与恢复轴线

以"轴网-1"为例，演示"拉框修剪"与"恢复轴线"命令。"拉框修剪"可批量修剪规则区域内的轴线。现将"轴网-1"的Ⓐ轴、Ⓒ轴与①轴、④轴之间区域的轴线进行批量修剪，左键单击图3.28中的【拉框修剪】，框选Ⓐ轴、Ⓒ轴与①轴、④轴之间区域的轴线，接着弹出如图3.35所示的对话框，点击【是】，Ⓐ轴、Ⓒ轴与①轴、④轴之间区域的轴线修剪完成，如图3.36所示。

图3.32 "请输入轴号"对话框

图3.33 轴距错误的轴网

图3.34 "请输入轴距"对话框

图3.35 "拉框修剪"命令执行状态

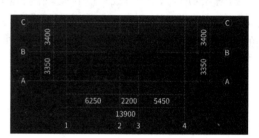

图3.36 "拉框修剪"后的轴网

接下来左键单击图3.28中的【恢复轴线】，鼠标左键依次单击刚刚修剪过的Ⓑ轴、②轴、③轴，则轴线恢复到原样。

3.4.5 修改轴网

除了轴网和辅助轴线的二次编辑，在"修改"功能区也有多种可以修改轴网与辅助轴线的命令，如图3.37所示。除了前文所述的"删除"功能，还有以下几个命令在修改轴网时较常用。

（1）延伸轴线

如图3.38所示，利用图3.28中的轴网二次编辑功能区的"修剪轴线"命令将③轴修剪，如何将轴线恢复到原样，再次和Ⓐ轴相交呢？除了利用图3.28中"轴网二次编辑"当中的"恢复轴线"命令，还可以利用"修改"功能区的"延伸"命令。"延伸"命令可以将一条轴线延长到与另一条轴线相交。左键点击图3.37中的"延伸"命令，左键单击Ⓐ轴，选择目标线，左键继续单击③轴，则③轴延伸至Ⓐ轴。

图3.37 "修改"功能区

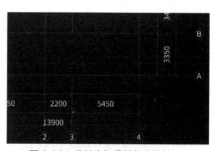

图3.38 ③轴未与Ⓐ轴相交的轴网

（2）旋转轴网

"旋转"命令可以将轴网或者辅助轴线，以选定的基准点进行任意角度的旋转。左键点击图 3.37 中的"旋转"命令，左键单击绘图区轴网，选定轴网后右击，进入捕捉旋转基准点状态，左键单击Ⓐ轴与①轴交点，选定旋转基准点之后，显示如图 3.39 所示界面，在方框中输入角度值"60"，点击【Enter】键确认，轴网以Ⓐ轴与①轴交点为旋转基准点整体旋转 60°，如图 3.40 所示。

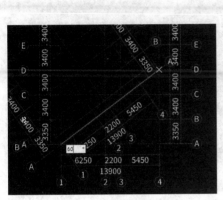

图 3.39 "旋转"命令执行状态

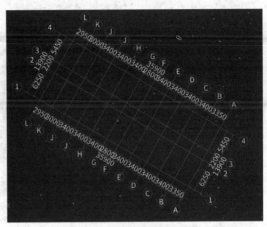

图 3.40 旋转 60° 后的轴网

重复以上操作，在弹出角度输入界面后，输入"-60"，轴网恢复原样。从以上操作可知，输入正值为逆时针旋转，输入负值为顺时针旋转。

3.4.6 合并轴网

下面以案例工程中所创建的"轴网 -1"即正交轴网和后创建的圆弧轴网为例，讲解如何进行轴网合并。

（1）设置插入点

在圆弧轴网的定义界面，左键点击【设置插入点】，如图 3.41 所示，将鼠标移到圆弧轴网的Ⓐ轴和①轴的交点处，左键点击，如图 3.42 所示，"插入点"移到如图 3.42 所示位置。关闭"定义"对话框。

图 3.41 "设置插入点"按钮

图 3.42 插入点位置

（2）插入圆弧轴网

如图 3.43 所示，在"建模"与"轴网"状态下，选择"圆弧轴网"，再点击"绘图"功能区的图标，出现圆弧轴网后，左键点击正交轴网的①轴和Ⓐ轴交点，即按照上一步设置的"插入点"位置将圆弧轴网插入到正交轴网当中，点击右键确认，合并成如图 3.44 所示的轴网。

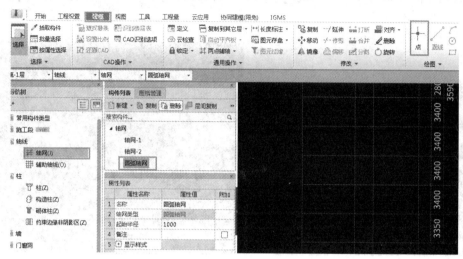

图 3.43　插入圆弧轴网

（3）修建轴线

如图 3.44 所示，合并后的轴网，轴号与标注位置较为混乱，利用轴网二次编辑进行轴线修剪，轴号标注位置与轴号的更改，操作方法已在上文介绍，此处不再赘述，更改完成后如图 3.45 所示。

图 3.44　合并完成后的轴网

图 3.45　二次编辑后的轴网

（4）更改轴号标注位置与轴号

不需要圆弧轴网时，将圆弧轴网删除，利用轴网二次编辑进行轴号标注位置与轴号的更改，相关操作命令已介绍，此处不再赘述。

📖 能力训练题

一、选择题

1. GTJ2021 中轴网类型不包括（　　）。
   A. 直线轴网　　　B. 斜交轴网　　　C. 圆弧轴网　　　D. 正交轴网
2. 下列有关轴网说法不正确的是（　　）。
   A. 如果轴网上下开间或左右进深统一连续编号，可以使用"轴号自动生成"功能让软件自动排序
   B. 在轴网二次编辑功能区有"修剪轴线"命令
   C. 轴号定义时允许轴号重复，方便轴网定义错误后进行修改操作
   D. 轴网创建完成后不可以再修改轴号
3. 下列有关轴网说法正确的是（　　）。
   A. 绘制圆弧轴网时不可以控制圆心的位置
   B. 轴网创建完成后不可以更改轴号标注位置
   C. 轴网创建完成后不可以更改轴距
   D. 设置轴号与轴距时可以利用"定义数据"输入框进行输入
4. 下列有关轴网说法正确的是（　　）。
   A. 轴网合并前不需要设置合理插入点
   B. 可以利用"修改"功能区的"修剪"命令来修改轴线
   C. 正交轴网创建后如果输入非 0 角度值就变为斜交轴网
   D. 正交轴网创建后不可以再旋转

二、技能操作题

绘制图纸工程中的轴网与辅助轴线。

任务4　基础建模及算量

素质目标

- 具有认真严谨的工作态度，严格按照图纸进行基础部分模型构建；
- 具有规则意识，按照工程项目要求的清单和定额规则进行基础部分算量；
- 具有良好的沟通能力，能在对量过程中以理服人

知识目标

- 掌握基础属性定义；
- 掌握独立基础、基础梁、筏板基础及垫层等的绘制方法；
- 掌握独立基础的定义方法和基础梁的原位标注方法；
- 掌握独立基础查改标注等命令的使用方法

技能目标

- 能够根据图纸准确定义基础属性；
- 学会绘制独立基础、基础梁、筏板基础及垫层；
- 能够根据基础图纸信息准确完整地输入基础的钢筋信息；
- 能够对基础进行二次编辑操作

任务说明

完成案例工程（独立基础、基础梁配筋图）独立基础DJJ01（-3.5m标高处）、（基础筏板配筋图）筏板基础（-4.9m标高处）、基础梁和垫层的属性定义及图元绘制。

学习任务 4.1　定义及绘制独立基础

学习任务描述

定义案例工程中基础层 DJJ01 的属性信息；

绘制案例工程中基础层 DJJ01 图元

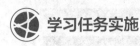
学习任务实施

4.1.1 定义案例工程中基础层DJJ01的属性信息

独立基础和其他构件在定义中区别为，其他构件直接新建构件即可，独立基础定义要分为两个步骤，首先要新建独立基础，然后根据图纸中独立基础的形式再新建独立基础单元，操作步骤为：

在导航树中，单击【基础】→【独立基础】，在构件列表中单击【新建】→【新建独立基础】→再次点击【新建】→【新建参数化独立基础单元】如图4.1和图4.2。

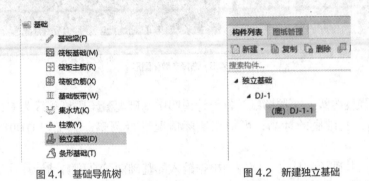

图4.1 基础导航树　　　　　　　　　　图4.2 新建独立基础

修改"属性列表"，按照图纸信息输入DJJ01独立基础属性信息，如图4.3和图4.4所示。

图4.3 基础属性列表　　图4.4 基础单元属性列表　　4.1 独立基础的定义和绘制

① 名称：软件默认DJ-1、DJ-2顺序生成，可根据图纸实际情况，手动修改名称。此处按照图纸信息输入DJJ01即可。

② 选择参数化独立基础三台，图纸中独立基础为两阶，因此在界面形状立面高度最上面第三阶中输入高度为0，平面图中间第三阶宽度和长度默认不调整，其他尺寸输入如图4.5。

③ 横向受力筋和纵向受力筋信息：

按照图纸中输入横向受力筋：此处输入"Φ14@140"，纵向受力筋：此处输入"Φ14@140"，软件中默认输入的钢筋位置为底部钢筋。

④ 材质：不同的计算规则，对应不同材质的独立基础，如现浇混凝土、预拌混凝土、预制混凝土、预拌预制混凝土，DJJ01此处为预拌混凝土。

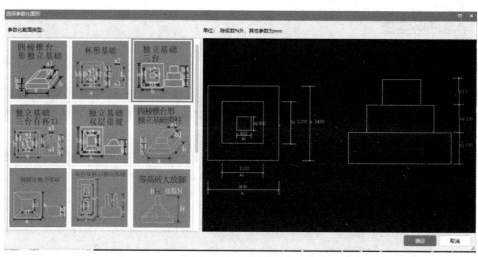

图 4.5 选择参数化图形

⑤ 混凝土强度等级：按照图纸结构设计说明中基础混凝土强度等级为 C35。

⑥ 底标高：基础底的标高，可根据实际情况进行调整，本工程 DJJ01 基础底标高为 −3.5m。

⑦ 顶标高：基础顶的标高，软件会根据输入的基础两阶高度自动计算。

⑧ 属性列表中，蓝色属性是构件的公有属性，在属性中修改，会对图中所有同名构件生效，黑色属性为私有属性，修改时，只是对选中构件生效。

4.1.2 绘制案例工程中基础层DJJ01图元

基础定义完毕后，切换到建模界面。值得注意的是独立基础在绘制之前，必须先绘制完成负一层的柱图元。绘制①轴左侧 4050mm 和Ⓕ轴交点独立基础

（1）方法一 点绘制独立基础 DJJ01

由于 DJJ01 在轴网界线之外，需要使用辅助轴线，在"建模"窗口点击【平行辅轴】，鼠标左键选中①轴，在弹出的窗口中，根据图纸输入"−4050"，第一条辅助轴线生成，如图 4.6 和图 4.7，在"建模"窗口继续点击【两点辅轴】，鼠标左键选择Ⓕ轴与①轴的交点，向右连接第一条辅轴垂点，第二条辅助轴线生成，如图 4.8 和图 4.9。

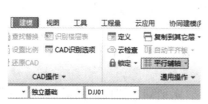

图 4.6 平行辅轴　　　　　　　　　　图 4.7 输入窗口

图 4.8 两点辅轴

图 4.9 布置窗口

在绘图界面，软件默认"点"画法，通过构件列表选择要绘制的构件 DJJ01，用鼠标捕捉两条辅助轴线的交点，直接单击鼠标左键，DJJ01 的绘制如图 4.10 所示。

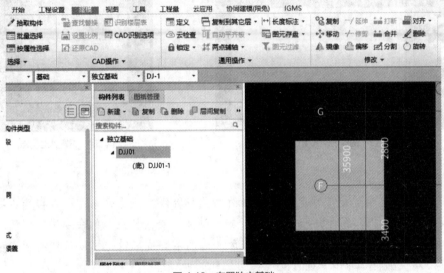

图 4.10 布置独立基础

但是图纸是偏心设置，操作如下：单击【建模】→【独立基础二次编辑】→【查改标注】，显示独立基础标注尺寸，点击图元绿色标注部分按图纸尺寸进行更改，完成独立基础 DJJ01 的绘制如图 4.11 和图 4.12。

图 4.11 查改标注

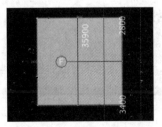

图 4.12 绘制独立基础

如果已经绘制完成负一层的框架柱，那么使用"点"绘制也可以直接左键点击柱子中心即可。

（2）方法二　偏移绘制独立基础 DJJ01

仍以上述独立基础为例，由于图纸中显示 DJJ01 不在轴网交叉点上，因此不能直接用鼠标选择点位置，需要同时使用"Shift 键 + 鼠标左键"，相对于基准点偏移绘制。

把鼠标放在①轴与⑰轴的交点处，显示为"+"，同时按下键盘上的"Shift"键和鼠标左键，弹出"输入偏移值"对话框。"X"输入为正时表示相对于基准点向右偏移，输入为负表示相对于基准点向左偏移；"Y"输入为正时表示相对于基准点向上偏移，输入为负表示相对于基准点向下偏移。由图可知，DJJ01 的中心相对于①轴与⑰轴交点向左偏移 −4050+75，在对话框中输入"X=−3975"，"Y=0"；表示水平方向偏移量为 3975mm，竖直方向偏移为 0mm，如图 4.13 所示。单击"确定"按钮就绘制上了，如图 4.14 所示。

图 4.13　偏移值输入窗口

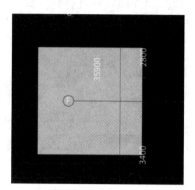

图 4.14　布置独立基础

注意

1. 独立基础已经绘制完成，若需要修改基础与轴线的位置关系，可直接选中要移动的图元，点击右键用"移动"命令进行处理，或者使用"查改标注"的命令进行修改。

2. 独立基础已经绘制完成，若需要修改基础的名称或属性，可以选中相应基础，点击右键选择"属性编辑"的命令进行处理。

3. 绘制基础时，可以使用快捷方式，点击【F4】来切换插入点。

学习任务 4.2　定义及绘制筏板基础

 学习任务描述

定义案例工程中基础层筏板基础的属性信息；
绘制案例工程中基础层筏板基础图元

 学习任务实施

4.2.1　定义案例工程中基础层筏板基础的属性信息

切换到基础层中，在导航树中，单击【基础】→【筏板基础】，在构件列表中单击【新建】→【新建筏板基础】如图 4.15 和图 4.16。

图 4.15　导航树

图 4.16　新建筏板基础

4.2　筏板基础的定义和绘制

修改"属性列表"，按照图纸信息输入 FB-1 筏板基础属性信息，如图 4.17 所示。

① 名称：软件默认 FB-1、FB-2 顺序生成，可根据图纸实际情况，手动修改名称。此处按默名称 FB-1 输入即可。

② 厚度：根据图纸输入筏板厚度 500mm。

③ 筏板类别：根据图纸筏板基础上设置基础梁，因此选择有梁式。

④ 底标高：基础底的标高，可根据实际情况进行调整，本工程 FB-1 基础底标高为 -4.9m。

⑤ 顶标高：基础顶的标高，软件会根据输入的基础高度自动计算。

	属性名称	属性值	附加
1	名称	FB-1	☐
2	厚度(mm)	(500)	☐
3	材质	预拌现浇砼	☐
4	混凝土类型	(预拌混凝土)	☐
5	混凝土强度等级	(C35)	☐
6	混凝土外加剂	(无)	☐
7	泵送类型	(混凝土泵)	☐
8	类别	有梁式	☐
9	顶标高(m)	-4.4	☐
10	底标高(m)	-4.9	☐
11	备注		☐
12	⊞ 钢筋业务属性		
26	⊞ 土建业务属性		
31	⊞ 显示样式		

图 4.17　属性列表

4.2.2　绘制案例工程中基础层筏板基础图元

根据筏板基础图纸，轴网外侧距离 400mm 黄色边缘线为筏板基础边界线，在筏板基础模块中，单击【建模】→【直线】，把鼠标放在①轴与Ⓜ轴的交点处，显示为"+"，同时按下键盘上的【Shift】键和鼠标左键，弹出"请输入偏移值"对话框。由图可知，筏板基础的左上方顶点相对于①轴与Ⓜ轴交点向左偏移 -400，在对话框中输入"X=-400"，相对于①轴与Ⓜ轴交点向上偏移 400，在对话框中输入"Y=400"；表示水平方向偏移量为向左 400mm，竖直方向向上偏移为 400mm，如图 4.18 所示。

单击【确定】按钮，就绘制上了筏板基础的第一个顶点，顺时针选择第二个、第三个顶点，直至回到第一个顶点，绘制完成，如图 4.19。

图 4.18　偏移值输入窗口

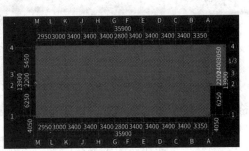

图 4.19　布置筏板基础

由于此工程筏板基础为不规则形状，因此不能使用矩形绘制。

学习任务 4.3　绘制筏板基础钢筋

 学习任务描述

定义案例工程中基础层筏板基础的主筋信息；

绘制案例工程中基础层筏板基础的主筋；

绘制案例工程中基础层筏板基础的负筋；

绘制案例工程中基础层筏板基础的跨板受力筋

 学习任务实施

筏板基础绘制完成之后，接下来布置筏板上的钢筋，步骤还是先定义属性列表再布置钢筋。根据图纸，分析得到：筏板钢筋为双层双向钢筋，其中底筋为双向 $\Phi14@200$，面筋为双向 $\Phi14@200$。

4.3.1　定义案例工程中基础层筏板基础的主筋信息

导航树单击【基础】→【筏板主筋】→【新建筏板主筋】，分别建立底筋和面筋，如图 4.20 所示，按照图纸在属性列表中输入底筋和面筋钢筋信息，如图 4.21 和图 4.22 所示。

图 4.20　导航树

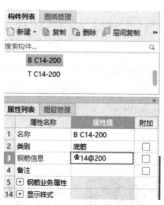

图 4.21　新建筏板主筋（底筋）

图 4.22　新建筏板主筋（面筋）

① 名称：一般图纸中没有定义筏板主筋的名称，可以根据实际情况输入较容易辨认的名称，这里按钢筋信息输入 "B C14-200" 表示底部钢筋信息，"T C14-200" 表示顶部钢筋信息。

② 钢筋信息：按照图中钢筋信息，顶部和底部均钢筋信息栏中均输入 "$\Phi14@200$"。

③ 类别：在软件中可以选择底筋、面筋和中间层筋，在此根据钢筋类别，名称"B C14-200"选择"底筋"，名称为"T C14-200"选择"面筋"。

4.3.2 绘制案例工程中基础层筏板基础的主筋

布置筏板主筋的受力筋，按照布置范围，有"单板""多板""自定义"和"按受力筋范围"布置；按照钢筋方向，常用的有"水平""垂直"和"XY 方向"布置，以及其他一些特殊的布置方式。

根据图纸可以知道，筏板的底筋和面筋在"X"与"Y"方向的钢筋信息一致，这里采用"XY 方向"来布置，选择"单板"，再选择"XY 方向"，再单击选择筏板基础，弹出如图 4.23 所示"智能布置"对话框。

由于筏板的 X、Y 方向钢筋信息相同，选择"XY 向布置"，在"钢筋信息"中选择相应的筏板主筋名称，单击【确定】，即可布置上单板的受力筋，如图 4.24 所示。

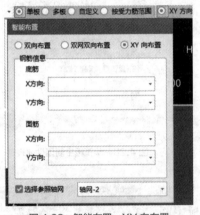

图 4.23 智能布置—XY 向布置

图 4.24 钢筋信息输入

本工程筏板基础主筋也可以采用双向布置和双网双向布置。当筏板基础底筋 X、Y 方向配筋相同，同时面筋 X、Y 方向配筋相同时可以使用，如图 4.25。

双网双向布置：当底筋和面筋的 X、Y 方向配筋均相同时使用，如图 4.26。

图 4.25 智能布置—双向布置   图 4.26 钢筋信息输入

4.3.3 绘制案例工程中基础层筏板基础的负筋

需要注意的是，此阶段还不可以绘制筏板负筋，需要在下一阶段基础梁绘制完成以后，才可以绘制筏板负筋。

4.3.4 绘制案例工程中基础层筏板基础的跨板受力筋

跨筏板主筋定义和绘制，以②③轴和⑧⑩轴跨筏板主筋为例。

（1）定义跨筏板主筋

在导航树中，单击【基础】→【筏板主筋】，在构件列表中单击【新建】→【新建跨筏板主筋】，修改"属性列表"，按照图纸信息输入属性信息，如图 4.27 和图 4.28 所示。

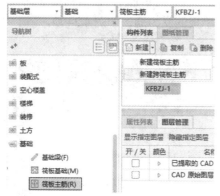

图 4.27　新建跨筏板主筋

图 4.28　跨筏板主筋属性列表

① 名称：可以按照软件默认，也可以按照本案例，为了和筏板主筋进行区分，用"KF"表示跨筏板主筋，名称最好表明钢筋信息和两端标注，方便绘图。

② 类型：默认为底筋，不用修改。

③ 钢筋信息：按照图纸输入。

④ 左标注和右标注：按照图纸输入尺寸，此处"左标注"为 1400mm，"右标注"为 1200mm。

⑤ 标注长度位置：按照图纸实际情况更改为"支座外边线"。

（2）绘制跨筏板主筋

自定义布置跨筏板主筋：属性定义完成以后，在建模界面中选择"布置受力筋"→选择"水平方向"→选择"自定义范围"，在②轴和⑩轴交点单击鼠标左键，顺时针选择③轴和⑩轴交点、③轴和⑧轴交点、②轴和⑧轴交点，然后回到起点形成闭合紫色图框，鼠标右键单击图框任意位置确定，即可布置完成，布置如图 4.29 所示。

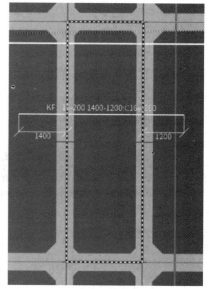

图 4.29　布置跨筏板主筋

按照同样的方法，绘制完成基础层②③轴和⑧⑩、⑩⑥、⑥⑪、⑪⑯、⑯⑩轴之间的跨筏板主筋。

学习任务 4.4 定义及绘制基础梁

 学习任务描述

定义案例工程中基础层基础梁 JZL6（3）的属性信息；
绘制案例工程中基础层基础梁 JZL6（3）图元

 学习任务实施

4.4.1 定义案例工程中基础层基础梁JZL6（3）的属性信息

以案例工程中基础层①轴的 JZL6（3）为例，

在导航树中，单击【基础】→【基础梁】，在构件列表中单击【新建】→【新建矩形基础梁】，如图 4.30。

修改"属性列表"，按照图纸信息 JZL6（3）的集中标注输入属性信息，如图 4.31 所示。

	属性名称	属性值
1	名称	JZL6(3)
2	类别	基础主梁
3	截面宽度(mm)	500
4	截面高度(mm)	900
5	轴线距梁左边...	(250)
6	跨数量	3
7	箍筋	Φ12@200(4)
8	肢数	4
9	下部通长筋	4Φ20
10	上部通长筋	
11	侧面构造或受...	G4Φ12
12	拉筋	(Φ8)
13	材质	预拌现浇砼
14	混凝土类型	(预拌混凝土)
15	混凝土强度等级	(C35)
16	混凝土外加剂	(无)
17	泵送类型	(混凝土泵)
18	截面周长(m)	2.8
19	截面面积(m²)	0.45
20	起点顶标高(m)	基础底标高加梁高
21	终点顶标高(m)	基础底标高加梁高

图 4.30 基础梁导航树　　　　图 4.31 属性列表

① 名称：按照图纸输入"JZL6（3）"。

② 类别：基础梁的类别下拉框选项中有 3 类，按照实际情况，此处选择"基础主梁"。

③ 截面尺寸：JZL6（3）的截面尺寸为 500mm×900mm，截面高度和高度分别输入"500"和"900"。

④ 轴线距梁左边线的距离：按照软件默认，保留"（250）"，用来设置基础梁的中心线相对于轴线的偏移。软件默认梁中心线与轴线重合，即 500mm 的梁，轴线距左边线的距离为 250mm。

⑤ 跨数量：输入 3，即 3 跨。

⑥ 箍筋：输入"Φ12@200（4）"。

⑦ 箍筋肢数：自动取箍筋信息中的肢数，箍筋信息中输入"（4）"时，这里自动识别"4"。

⑧ 上部通长筋：按照图纸输入"4Φ20"。

⑨ 下部通长筋：输入方式与上部通长筋一致，JZL6（3）没有下部通长筋，此处不输入。

⑩ 侧面构造或受力筋：格式"G/N+ 数量 + 级别 + 直径"，此外输入"G4Φ12"。

⑪ 拉筋：按照"工程设置"→"钢筋设置"→"计算设置"中计算规则→"基础主梁 /承台梁"中第 25 项进行设置，如图 4.32 所示。

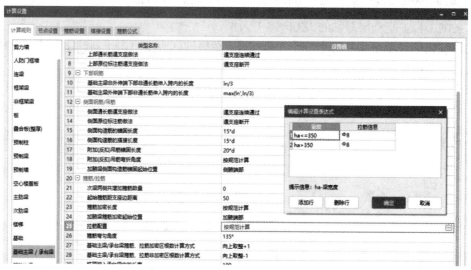

图 4.32　计算设置

按照同样的方法，根据不同的类别，定义基础层所有的基础梁，输入属性信息。

4.4.2　绘制案例工程中基础层基础梁JZL6（3）图元

基础梁定义完毕后，切换到建模界面。注意，在绘制基础梁之前，需要将负一层的柱子复制到基础层。

（1）方法一　直线绘制基础梁 JZL6（3）

基础梁为线状图元，直线型的梁采用"直线"绘制的方法比较简单，如 JZL6（3）采用"直线"绘制即可。鼠标左键单击①轴与Ⓓ轴交点，然后单击④轴与Ⓓ轴交点，绘制完成，如图 4.33 所示。

按照同样的方法，绘制基础层所有的基础梁。

（2）方法二　偏移绘制基础梁 JZL6（3）

对于部分基础梁而言，如果端点不在轴线的交点或其他捕捉点上，可以采用偏移绘制的方法，也就是采用"Shift+ 左键"的方法捕捉轴线以外的点来绘制。

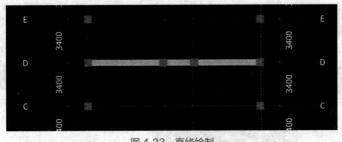

图4.33 直线绘制

4.3 基础梁的定义
和绘制

学习任务 4.5 输入基础梁钢筋

 学习任务描述

运用原位输入布置案例工程中基础层基础梁 JZL6（3）原位标注钢筋信息；

运用"梁平法表格"布置案例工程中基础层基础梁 JZL6（3）原位标注钢筋信息；

布置案例工程中筏板的负筋

 学习任务实施

4.5.1 运用原位输入布置案例工程中基础层基础梁JZL6（3）原位标注钢筋信息

基础梁绘制完毕后，只是对基础梁集中标注的信息进行了输入，还需要对基础梁原位标注的信息进行输入，由于基础梁是以柱为支座的，在提取基础梁梁跨和原位标注之前，需要绘制好所有的支座。图中基础梁显示为粉红色，表示还没有进行基础梁梁跨的提取和原位标注的输入，也不能正确地对基础梁钢筋进行计算。

在 GTJ2021 中，可以通过 2 种方式来提取基础梁跨：一是使用"原位标注"；二是使用"基础梁二次编辑"中的"重提梁跨"。

① 没有原位标注的基础梁，可通过提取梁跨来把基础梁的颜色变为绿色。

② 有原位标注的基础梁，可通过输入原位标注来把基础梁的颜色变为绿色。

软件中用粉色和绿色对基础梁进行区别，目的是提醒哪些基础梁已经进行了原位标注的输入，便于检查，防止出现忘记输入原位标注，影响钢筋计算结果的情况。基础梁的原位标注主要有：支座钢筋、跨中筋、下部跨中钢筋，另外，变截面也需要在原位标注中输入。

在所有梁绘制完成的基础上，可点击【建模】→【基础梁二次编辑】→【原位标注】，然后鼠标左键单击需要进行原位标注的梁，然后对照图纸，先输入①轴与②轴上部跨中钢筋"8C25 6/2"，回车输入下一个方框中的钢筋，直至原位标注全部输完。如图4.34 所示。

按照同样的方法，给基础层所有的基础梁进行原位标注，绘制完成如图4.35 所示。

图 4.34 原位标注

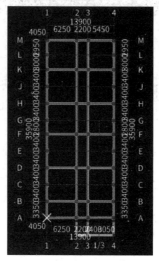

图 4.35 布置基础梁

4.5.2 运用"梁平法表格"布置案例工程中基础层基础梁JZL6（3）原位标注钢筋信息

除上述基础梁原位标注方法外，还有就是平法表格输入法，即在原位标注表格中相应位置对应输入相应数据即可，如图 4.36 所示。

梁平法表格											
复制跨数据	粘贴跨数据	输入当前列数据	删除当前列数据	页面设置	调换起始跨	悬臂钢筋代号					
位置	名称	构件尺寸(mm)		下通长筋	下部钢筋			上部钢筋		侧面钢筋	
		截面(B*H)	距左边线距离		左支座钢筋	跨中钢筋	右支座钢筋	上通长筋	上部钢筋	侧面通长筋	侧面原位标注筋	拉筋
1 <1-125,D ;4+125,...	JZL6(3)	(500*900)	(250)	4Φ20			4Φ20+2Φ22		8Φ25 6/2	G4Φ12	(Φ8)
		(500*900)	(250)			4Φ20+2Φ22			4Φ25		(Φ8)
		(500*900)	(250)		4Φ20+2Φ25				6Φ25		(Φ8)

图 4.36 梁平法表格

4.5.3 布置案例工程中筏板的负筋

基础梁绘制完成以后，就可以补充绘制筏板基础中的负筋了。以①②轴和Ⓓ轴之间负筋为例。

（1）定义筏板负筋

在导航树中，单击【基础】→【筏板负筋】，在构件列表中单击【新建】→【新建筏板负筋】，如图 4.37 所示。

图中的 C8-200 为软件默认筏板负筋，可以保留，也可以在此基础上进行修改，改为本图纸中的钢筋型号。本例选择在 C8-200 基础上修改。

（2）修改"属性列表"

按照图纸信息输入筏板负筋属性信息，如图 4.38 所示。

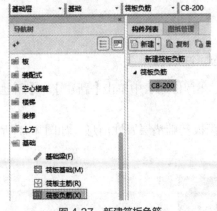

图 4.37　新建筏板负筋　　　　　　　　图 4.38　属性列表

① 名称：按照图纸中钢筋信息输入即可。

② 钢筋信息：按照图纸中信息输入，名称保持一致。

③ 左标注和右标注：按照图纸中分析均为 1400mm，输入即可。

④ 非单边标注含支座宽：根据图纸分析，所有负筋标注长度均从梁边或者墙边起算，因此不含支座宽度，选择"否"。

（3）绘制筏板负筋

按梁布置筏板负筋：筏板负筋定义完成以后，在绘图界面中的选择单击【建模】→【布置负筋】，选择"按梁布置"，拖动鼠标至①②轴和Ⓓ轴之间梁跨，出现蓝色直线，单击即可布置完成。布置如图 4.39 所示。

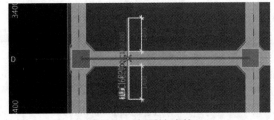

图 4.39　布置筏板负筋

按照同样的方法，绘制完成基础层①②轴、③④轴和Ⓑ、Ⓓ、Ⓕ、Ⓗ、Ⓚ轴之间的筏板负筋。

注意

1. 基础梁很多的属性定义和绘制方式和框架梁是类似的，只是它们的原位标注方向正好上下互换。

2. 基础梁的原位标注复制、梁跨数据复制、应用到同名梁和绘制弧形梁的操作步骤是一样的，此处不再重复讲解。

学习任务 4.6　定义及绘制基础垫层

 学习任务描述

定义案例工程中基础层垫层构件的属性信息；

绘制案例工程中基础层垫层构件

学习任务实施

4.6.1 定义案例工程中基础层垫层构件的属性信息

在导航树中，单击【基础】→【垫层】，在构件列表中单击【新建】→【新建面式垫层】，如图 4.40。

修改"属性列表"，按照图纸信息输入筏板基础垫层属性信息，如图 4.41 所示。

图 4.40 新建垫层

图 4.41 属性列表

① 名称：软件默认生成 DC-1、DC-2，本工程垫层主要位于筏板基础下和独立基础下，因此按照名字"DC-1"表示筏板垫层。

② 形状：通常筏板基础选择面型，独立基础形状一样选择点型，独立基础形状不一样选择面型，条形基础选择线型。

③ 厚度：按照图纸分析，垫层厚度为 100mm。

④ 混凝土类型：本工程选择预拌混凝土。

⑤ 强度等级：按照图纸分析，垫层强度等级为 C15。

⑥ 顶标高：垫层顶标高一般为基础底标高。

4.4 垫层的绘制与算量

4.6.2 绘制案例工程中基础层垫层构件

定义完基础垫层的属性之后，切换到建模界面，采用筏板基础智能布置的方法绘制。即点击【建模】界面【垫层二次编辑】上方的【智能布置】→【筏板】，如图 4.42，然后鼠标左键单击筏板基础，右键弹出"设置出边距离"的对话框，输入"100"点击【确定】即可，如图 4.43 所示。

图 4.42　智能布置

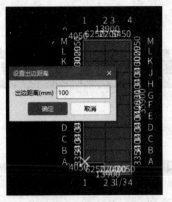

图 4.43　设置出边距离

在负一层新建垫层，输入垫层的属性，切换到建模界面，采用独立基础智能布置的方法绘制。即点击【建模】界面【垫层二次编辑】上方的【智能布置】→【独基】，然后拉框选中所有的独立基础，右键弹出"设置出边距离"的对话框，输入"100"点击【确定】即可。

📖 能力训练题

一、选择题

1. 无地下室情况下软件中的基础层层高是如何设置的？（　　　）
   A. 基础底标高算至室外地坪　　　　B. 基础底标高算至首层室内地坪标高
   C. 基础底标高算至自然地坪　　　　D. 基础底标高算至地面结构标高

2. 在基础层中柱竖向钢筋插入基底弯折 a，其中 a 值的判断条件：当 $H_1 \geq 0.7 l_{aE}$ 时，（　　　）。
   A. $10D$ 且 ≥ 150　　　　　　　　B. $12D$ 且 ≥ 150
   C. $6D$ 且 ≥ 150　　　　　　　　D. $8D$ 且 ≥ 150

3. 为什么在基础层画了柱并配筋后计算没有插筋？（　　　）
   A. 没有输入插筋信息
   B. 因为基础层没有画基础构件，软件会自动找当前柱的基础，找不到就不会计算柱插筋
   C. 软件计算出错
   D. 因为基础层构件高度同基础层柱高度一致，被扣减为零了

4. 软件中独立基础的快捷键是什么？（　　　）
   A. D　　　　　　　B. J　　　　　　　C. M　　　　　　　D. F

二、技能操作题

绘制图纸工程中所有楼层独立基础、筏板基础、基础梁和垫层，并计算其工程量。

任务5 土方工程建模及算量

 素质目标

- 具有认真严谨的工作态度，严格按照图纸进行模型构建；
- 具有规则意识，按照工程项目要求的清单和定额规则进行算量；
- 具有良好的沟通能力，能在对量过程中以理服人；
- 具有注重施工安全生产，尊重生命安全的思想

 知识目标

- 掌握基坑开挖、大开挖土方属性定义；
- 掌握基坑灰土回填、大开挖灰土回填属性定义；
- 掌握基坑开挖、大开挖土方的绘制方法；
- 掌握基坑灰土回填、大开挖灰土回填的绘制方法

 技能目标

- 能够根据图纸准确定义基坑开挖、大开挖土方的属性信息；
- 能够根据图纸准确定义基坑灰土回填、大开挖灰土回填的属性信息；
- 会绘制基坑开挖、大开挖土方；
- 会绘制基坑灰土回填、大开挖灰土回填

 任务说明

完成案例工程（独立基础、基础筏板配筋图）基础层土方工程的属性定义及绘制图元。

学习任务 5.1 定义及绘制基坑开挖

 学习任务描述

完成案例工程基础层中"DJJ01"的基坑土方属性定义及绘制图元；
完成案例工程基础层中筏板基础的大开挖土方属性定义及绘制图元

5.1 挖基坑土方
定义和绘制

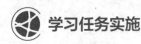 **学习任务实施**

5.1.1 完成案例工程基础层中"DJJ01"的基坑土方属性定义及绘制图元

反建构件法，即在绘制完成基础垫层界面之后，在垫层的绘图界面下，是可以智能生成土方的。

操作方法：单击【建模】界面"垫层二次编辑"上方的【生成土方】，如图 5.1 所示，弹出"生成土方"对话框，如图 5.2 所示。

图 5.1 "生成土方"命令

① 土方类型：分为"基坑土方""大开挖土方""基槽土方"，此处选择"基坑土方"。
② 起始放坡位置：分为"垫层底""垫层顶"，此处选择"垫层底"。
③ 生成方式：选择"手动生成"。
④ 生成范围：本工程为独立基础"DJJ01"，此处选择"基坑土方"。
⑤ 土方相关属性：土方的工作面以及放坡系数要根据定额中给定表格进行选择。

选择"DJJ01"下方的垫层，单击右键，即可完成基坑土方的定义和绘制，如图 5.3 所示。

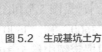

图 5.2 生成基坑土方

图 5.3 基坑、大开挖土方定义和绘制

5.1.2 完成案例工程基础层中筏板基础的大开挖土方属性定义及绘制图元

在筏板基础下的垫层界面，用鼠标左键选择垫层，单击【生成土方】，弹出"生成土方"对话框，如图 5.4 所示。鼠标左键选择筏板基础下垫层，单击右键，即可完成大开挖土方的定义和绘制，如图 5.3 所示。

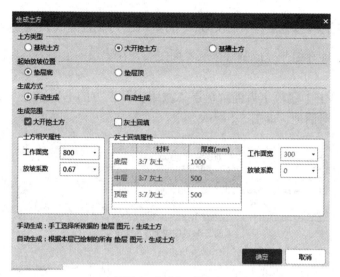

图 5.4　生成大开挖土方

学习任务 5.2　定义及绘制基坑回填

 学习任务描述

完成案例工程基础层中"DJJ01"的基坑灰土回填属性定义及绘制图元；
完成案例工程基础层中筏板基础的大开挖灰土回填属性定义及绘制图元

 学习任务实施

5.2.1　完成案例工程基础层中"DJJ01"的基坑灰土回填属性定义及绘制图元

在基坑土方开挖和基础垫层布置完成之后，方可进行土方回填。操作方法如下。

① 在导航树中单击【土方】→【基坑灰土回填】，在构件列表中单击【新建】→【新建矩形基坑灰土回填】→【新建矩形基坑灰土回填单元】，见图 5.5 和图 5.6。

底长和坑底宽：与垫层长和宽一致，此处输入"3600"和"3600"。

工作面宽、放坡系数：工作面宽和放坡系数要根据定额中给定表格进行选择，与土方开挖一致，输入"300"和"0.33"。

深度：是从室外地坪到垫层底的深度，此处输入"2500"。

② 定义完成后，选择"智能布置"下的"独基"，选择要布置的独立基础，点击右键即可，如图 5.7 所示。

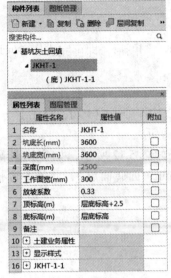

图 5.5　新建矩形基坑灰土回填

图 5.6　新建矩形基坑灰土回填单元

5.2　回填土定义和绘制

5.2.2　完成案例工程基础层中筏板基础的大开挖灰土回填属性定义及绘制图元

① 在导航树中单击【土方】→【大开挖灰土回填】，在构件列表中单击【新建】→【新建大开挖灰土回填】→【新建大开挖灰土回填单元】，见图 5.8 和图 5.9。

② 定义完成后，选择"智能布置"下的"筏板基础"，选择要布置的筏板基础，点击右键即可，如图 5.10 所示。

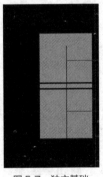

图 5.7　独立基础

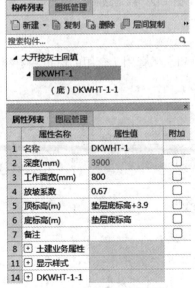

图 5.8　新建大开挖灰土回填

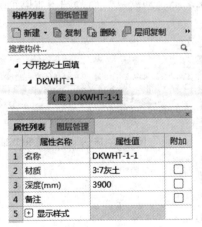

图 5.9　新建大开挖灰土回填单元

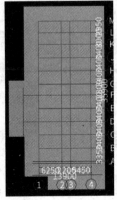

图 5.10　大开挖灰土回填

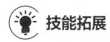 **技能拓展**

本工程无房心回填。下面对"房心回填"进行定义，并绘制图形，即可完成房心回填工程量的计算工作。

（1）定义房心回填的属性信息

操作方法：在导航树中单击【土方】→【房心回填】，在构件列表中单击【新建】→【新建房心回填】，在属性列表中输入相应的属性值，如图 5.11 所示。

厚度：从室外地坪到室内地坪之间扣除地面厚度，如图 5.12 所示，如室内外高差 450−150mm（混凝土垫层）−30mm（水泥砂浆结合）−10mm（面砖面层），此处厚度输入 260mm。

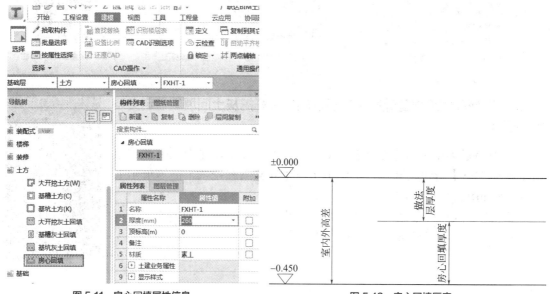

图 5.11　房心回填属性信息　　　　　　　　图 5.12　房心回填厚度

（2）对房心回填土套用清单和定额

在完成房心回填定义后，需要进行房心回填土的清单和定额套用，套用的清单和定额子目如图 5.13 所示。

	编码	类别	名称	项目特征	单位	工程量表达式	表达式说明	单价	综合单价	措施项目	专业
1	⊟ 010103001	项	回填方	1.密实度要求:夯填 2.填方材料品种:素土	m³	FXHTTJ	FXHTTJ〈房心回填体积〉			☐	建筑工程
2	B1-24	借	垫层 混凝土		m³	FXHTTJ	FXHTTJ〈房心回填体积〉	2624.85		☐	饰

图 5.13　房心回填土的清单和定额套用

提示

房心回填定额套用垫层项目，操作方法：首先定额库选择"全国统一建筑装饰装修工程消耗量定额 河北省消耗量定额（2012）"，单击【楼地面工程】→【垫层】，选择"B1-24""垫层 混凝土"，双击，完成房心回填定额套用，如图 5.14 所示。

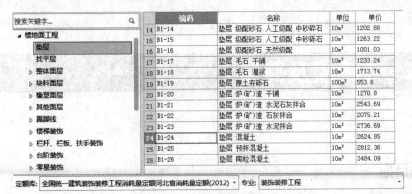

图5.14　房心回填定额套用

（3）房心回填的绘制

房心回填定义完毕，单击"点"图标，根据首层建筑平面图分别在相对应房间内部"点"画即可。

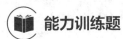 **能力训练题**

一、选择题

1. 软件中，土方类型不包括（　　　）。

　　A. 基坑土方　　　　B. 大开挖土方　　　C. 基槽土方　　　　　D. 人工挖土方

2. 本工程土方开挖起始放坡位置是（　　　）。

　　A. 垫层底　　　　　B. 垫层顶　　　　　C. 基础底　　　　　　D. 基础顶

3. 本工程房心回填定额套用（　　　）。

　　A. 基础回填　　　　B. 垫层项目　　　　C. 3∶7回填　　　　　D. 素土回填

4. 下面说法错误的是（　　　）。

　　A. 回填土深度是从室外地坪到垫层底的深度

　　B. 房心回填厚度是从室外地坪到室内地坪之间扣除地面厚度

　　C. 房心回填定义完毕，单击"点"绘制

　　D. 土方开挖生成方式只能是手动生成

二、技能操作题

绘制图纸工程中土方工程所有项目并计算其工程量。

 **素质目标**

- 具有认真严谨的工作态度，严格按照图纸进行模型构建；
- 具有规则意识，按照工程项目要求的清单和定额规则进行算量；
- 具有良好的沟通能力，能在对量过程中以理服人；
- 具有不怕困难、不辞辛苦、勇于创新的精神

知识目标

- 掌握柱属性定义；
- 掌握矩形柱、异形柱、圆形柱等的绘制方法；
- 掌握查改标注、修改图元名称等命令的使用方法

技能目标

- 能够根据图纸准确定义柱属性；
- 会绘制矩形柱、异形柱；
- 能够使用查改标注、修改图元名称等命令

任务说明

完成案例工程（基础～ -0.100m 框架柱平法施工图）负一层 KZ-10（Ⓐ轴与③轴交叉处）的属性定义及图元绘制。

学习任务 6.1 定义框架柱

 **学习任务描述**

定义案例工程 -1 层中 KZ-10（Ⓐ轴与③轴交叉处）的属性信息

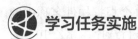 **学习任务实施**

在导航树中单击【柱】→【柱】，在构件列表中单击【新建】→【新建矩形柱】，如图6.1、图6.2所示。修改"属性列表"，按照图纸信息输入KZ-10柱的属性信息，如图6.3所示。

① 名称：与图纸保持一致，为"KZ-10"，如图6.4所示，该名称在当前楼层的当前构件类型下是唯一的。

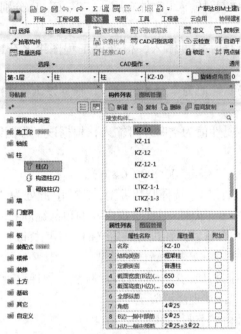

图6.1 新建柱

图6.2 新建矩形柱

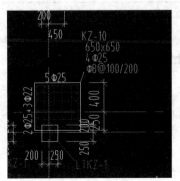

图6.3 KZ-10柱的属性信息

图6.4 KZ-10图纸

6.1 柱定义

② 结构类别：柱类别有框架柱、框支柱、暗柱、端柱几种。软件会根据构件名称中的字母自动生成，例如，"KZ"生成的是框架柱，也可以根据实际情况进行选择，"KZ-10"为框架柱。

③ 定额类别：选择为"普通柱"。

④ 截面宽度和截面高度：按图纸信息对应输入"650""650"。

⑤ 全部纵筋：输入柱的全部纵筋，该项"角筋""B边一侧中部筋""H边一侧中部筋"均为空时，才允许输入，不允许和这三项同时输入（软件中用A、B、C、D分别代表φ、Φ、Φ、Φ^R钢筋）。

⑥ 角筋：只有全部纵筋属性值为空时才可输入，根据该工程图纸KZ-10的角筋为"4Φ25"。

⑦ B边一侧中部筋：只有全部纵筋属性值为空时才可输入，根据该工程图纸KZ-10此处输入"5Φ25"。

⑧ H边一侧中部筋：只有全部纵筋属性值为空时才可输入，根据该工程图纸KZ-10此处输入"2Φ25+3Φ22"。

⑨ 箍筋：输入柱箍筋信息，此处输入"Φ8@100/200（6×6）"。

⑩ 箍筋肢数：通过单击当前框中3点按钮，选择肢数类型，KZ-10此处为"6×6"。

⑪ 柱类型：分为中柱、角柱、边柱-B、边柱-H，对顶层柱的顶部锚固和弯折有影响，直接关系到计算结果。中间层均按"中柱"计算。在进行柱定义时，不用修改，在顶层绘制完后，使用软件提供的"自动判别边角柱"功能来判断柱的类型。

⑫ 材质：不同的计算规则，对应不同材质的柱，如现浇混凝土、预拌混凝土、预制混凝土、预拌现浇混凝土，KZ-10此处为"预拌现浇混凝土"。

⑬ 顶标高：柱顶的标高，可根据实际情况进行调整。

⑭ 底标高：柱底的标高，可根据实际情况进行调整。

⑮ 其他箍筋：如果柱中有和参数不同的箍筋或拉筋，可以在"其他箍筋"中输入。新建箍筋输入参数和箍筋信息来计算钢筋量。本构件中没有则不输入。

⑯ 属性编辑中的属性名称是有蓝色字体和黑色字体区分的，蓝色属性名称的属性值为公有属性，在属性编辑中修改，将会影响图中所有同名称的构件包括已画完的构件。黑色属性名称的属性值为私有属性，修改时只影响已勾选的构件及影响修改后重新布置的构件的信息。

学习任务 6.2 框架柱建模及算量

 学习任务描述

点绘制案例工程-1层中 KZ-10 构件图元；

偏移绘制案例工程-1层中 KZ-11 构件图元；

智能布置绘制案例工程-1层中 KZ-9 构件图元；

镜像绘制案例工程-1层中 KZ-10 构件图元

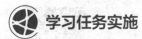

学习任务实施

柱定义完毕后，单击【绘图】按钮，切换到绘图界面。

6.2.1 点绘制案例工程–1层中KZ-10构件图元

6.2 柱子的绘制

切换到绘图界面，软件默认"点"画法，通过构件列表选择要绘制的构件"KZ-10"，用鼠标捕捉Ⓐ轴与③轴的交点，直接单击鼠标左键，就可完成柱 KZ-10 的绘制，如图 6.5 所示。

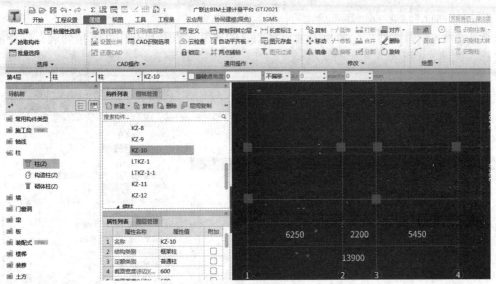

图 6.5 柱的"点"画法

但是图纸是偏心设置，操作如下：单击【建模】→"柱二次编辑"→"查改标注"，显示柱标注尺寸，点击图元绿色标注部分，按图纸尺寸进行更改，完成柱 KZ-10 的绘制，如图 6.6、图 6.7 所示。

图 6.6 查改标注（一）

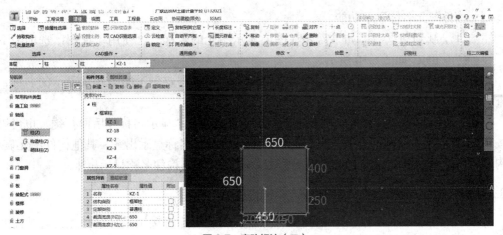

图 6.7 查改标注（二）

技能拓展一

（1）修改图元名称

如果需要修改已经绘制的图元名称，也可以采用以下两种方法。

①"修改图元名称"功能

如果需要把一个构件的名称替换成另一个名称，例如，要把"KZ-10"修改为"KZ-9"，可以使用"修改图元名称"功能，选中"KZ-10"，右键选择"修改图元名称"，则会弹出"修改图元名称"对话框，如图 6.8 所示，将"KZ-10"修改为"KZ-9"即可。

②通过属性列表修改

选中图元，"属性列表"面板中会显示图元的属性，点开目标构件下拉列表，选择需要的名称，如图 6.9 所示。

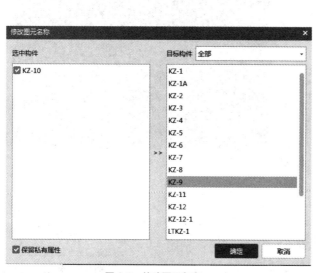

图 6.8 修改图元名称

图 6.9 柱的属性列表

（2）构件图元名称显示功能

柱构件绘制到图上后，如果需要在图上显示图元的名称，可使用"视图"选项卡下的"显示设置"功能，如图 6.10 所示。

在弹出如图 6.11 所示的"显示设置"面板中，勾选需要显示的图元及显示的名称，方便查看和修改。

例如，显示柱子及其名称，则在柱的"显示图元"及"显示名称"后面打钩。也可以通过按【Z】键将柱图元显示出来，按【Shift】+【Z】键将柱名称显示出来。其他构件图元显示，按构件名后括号内字母，按【Shift】+"（对应字母）"键将构件名称显示出来。

6.2.2 偏移绘制案例工程-1层中KZ-11构件图元

由于图纸中显示 KZ-11 不在轴网交叉点上，因此不能直接用鼠标选择点位置，需要使用【Shift】键 + 鼠标左键，相对于基准点偏移绘制。

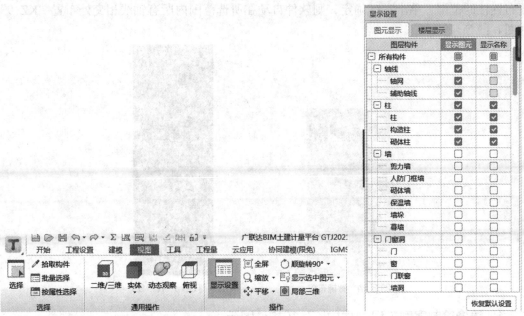

图 6.10 显示设置功能   图 6.11 显示设置

把鼠标放在①轴与Ⓕ轴的交点处，显示为"+"，同时按下键盘上的【Shift】键和鼠标左键，弹出"请输入偏移值"对话框。由图可知，KZ-11 的中心相对于①轴与Ⓕ轴交点向左偏移"-4050+75"，在对话框中输入"X=-4050+75"，"Y=0"；表示水平方向偏移量为 3975mm，竖直方向偏移为 0mm，如图 6.12 所示。单击【确定】按钮，就绘制完成了，如图 6.13 所示。

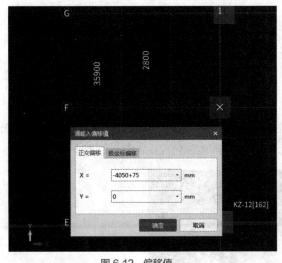

图 6.12 偏移值

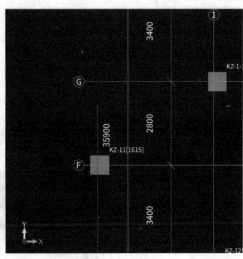

图 6.13 KZ-11

6.2.3 智能布置绘制案例工程-1层中KZ-9构件图元

若图中某区域轴线相交处的柱都相同，此时可以采用智能布置的方法来绘制柱。Ⓐ轴、Ⓑ轴与②轴的交点处都是 KZ-9，即可利用此功能快速布置。选择"KZ-9"，单击【建模】→【柱二次编辑】→【智能布置】，选择按"轴线"布置，如图 6.14 所示。然后在图框中框选要布置柱的范围，单击右键确定，则软件自动在所选范围内所有轴线相交处布置"KZ-9"，如图 6.15 所示。

图 6.14 智能布置

图 6.15 KZ-9

6.2.4 镜像绘制案例工程-1层中KZ-10构件图元

通过图纸分析，①轴与Ⓐ～Ⓒ轴交点处的 KZ-10 柱与③轴与Ⓐ～Ⓒ轴交点处的柱是对称分布的，可以使用一种简单方法：先绘制①轴与Ⓐ～Ⓒ轴交点处的柱，然后使用"镜像"功能来进行对称复制。

操作步骤如下。

首先框选①轴与Ⓐ～Ⓒ轴交点处的柱，单击【建模】→【修改】面板中的【镜像】，如图 6.16 所示。

图 6.16 镜像

然后把显示栏的"中点"点中，捕捉Ⓐ轴的中点，可以看到屏幕上有一个黄色的三角形，选中第二点，单击右键确定即可，如图 6.17 所示，在状态栏的地方会提示需要进行的下一步操作。

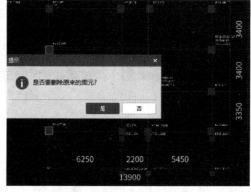

图 6.17 镜像提示信息

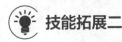技能拓展二

（1）定义和绘制参数化柱

一般暗柱参数化图形较多，以图 6.18 中 YBZ1 柱为例，操作步骤如下。

1）定义参数化柱的属性信息

在导航树中单击【柱】→选择"新建参数化柱"→弹出"选择参数化图形"对话框，设置界面类型与具体尺寸，如图 6.19 所示，单击【确定】后显示"属性列表"，如图 6.20 所示。

图 6.18　YBZ1 图纸

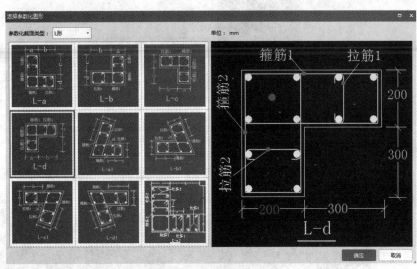

图 6.19　选择参数化图形

① 截面形状：可以单击当前框中的 ▦ 按钮，在弹出的"选择参数化图形"对话框中进行再次编辑。

② 截面宽度（B 边）：柱截面外接矩形的宽度。

③ 截面高度（H 边）：柱截面外接矩形的高度。

④ 截面面积和截面周长：软件按照柱本身的属性计算出的。其他属性与矩形柱属性类似，参见矩形柱属性列表。

2）绘制参数化柱图元

根据工程实际情况具体布置即可。

（2）定义和绘制异形柱

以图 6.21 所示 YBZ2 柱为例，操作步骤如下。

1）定义异形柱的属性信息

在导航树中单击【柱】→选择"新建异形柱"→弹出"异形截面编辑器"对话框，如图 6.22 所示。单击【确定】后显示"属性列表"，如图 6.23 所示。

① 截面形状：可以单击当前框中的 ⋯ 按钮，在弹出的"异形截面编辑器"对话框中进行再次编辑。

	属性名称	属性值	附加
1	名称	YBZ1	
2	截面形状	L-d形　⋯	☐
3	结构类别	暗柱	☐
4	定额类别	普通柱	☐
5	截面宽度(B边)(...	500	☐
6	截面高度(H边)(...	500	☐
7	全部纵筋	12Φ20	☐
8	材质	现浇混凝土	☐
9	混凝土类型	(预拌混凝土)	☐
10	混凝土强度等级	(C30)	☐
11	混凝土外加剂	(无)	☐
12	泵送类型	(混凝土泵)	☐
13	泵送高度(m)		
14	截面面积(m²)	0.16	☐
15	截面周长(m)	2	☐
16	顶标高(m)	层顶标高	☐
17	底标高(m)	层底标高	☐
18	备注		☐
19	⊞ 钢筋业务属性		
33	⊞ 土建业务属性		
40	⊞ 显示样式		

截面编辑

图 6.20　参数化柱的属性列表

② 截面宽度（B 边）：柱截面外接矩形的宽度。

③ 截面高度（H 边）：柱截面外接矩形的高度。

④ 截面面积和截面周长：软件按照柱本身的属性计算出的。

其他属性与矩形柱属性类似，参见矩形柱属性列表。

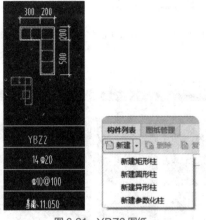

图 6.21　YBZ2 图纸

6.4　异形柱的绘制

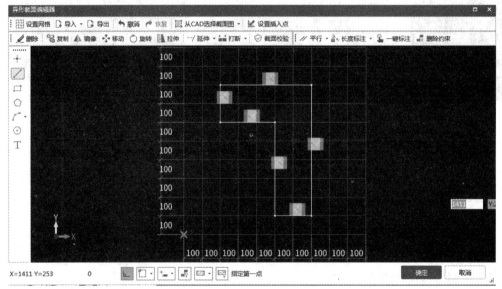

图 6.22　异形截面编辑器

2）绘制异形柱图元

根据工程实际情况具体布置即可。

（3）定义和绘制圆形框架柱

在导航树中单击【柱】→选择"新建圆形柱"，方法同矩形柱属性定义。本工程无圆形柱，属性定义如图 6.24 所示。

截面半径：设置圆形柱截面半径，可用"数值 / 数值"来表示变截面柱，输入格式为"柱顶截面尺寸 / 柱底截面尺寸"（圆形柱没有截面宽、截面高属性）。

其他属性与矩形柱属性类似，参见矩形柱属性列表。

图 6.23 异形柱的属性列表

图 6.24 框架柱的属性定义

📖 能力训练题

一、选择题

1. 在 GTJ2021 中可以改变柱的插入点的快捷键是（   ）。

    A. F1   B. F2   C. F3   D. F4

2. 软件中绘制参数化柱或异形柱时，可以利用（   ）键将柱上下翻转。

    A. F1   B. Shift+F3   C. F3   D. F4

3. 按（   ）键将柱图元显示出来。

    A. L   B. Z   C. B   D. Q

4. GTJ2021 中，当已经将工程中的构件绘制基本完成，这时得到一份变更通知，告知 1～5 层Ⓐ轴交⑫轴的"KZ2"改为"KZ5"，可以先把一层中Ⓐ轴交⑫轴的"KZ2"改为"KZ5"后，通过（   ）快速修改 2～5 层的指定构件图元。

    A. 复制选定图元到其他楼层   B. 从其他楼层复制构件图元

    C. 从其他楼层复制构件   D. 复制构件到其他楼层

二、技能操作题

绘制图纸工程中所有楼层的柱及钢筋，并计算其工程量。

任务7 梁建模及算量

 素质目标

- 具有认真严谨的工作态度，严格按照图纸进行模型构建；
- 具有规则意识，按照工程项目要求的清单和定额规则进行算量；
- 具有良好的沟通能力，能在对量过程中以理服人；
- 具有不怕困难、不辞辛劳、勇于创新的精神

 知识目标

- 掌握梁属性定义；
- 掌握直形梁、弧形梁及加腋梁等的绘制方法；
- 掌握梁钢筋集中标注和原位标注方法；
- 掌握梁偏移、梁跨数据刷等命令的使用方法

 技能目标

- 能够根据图纸准确定义梁属性；
- 会绘制直形、弧形梁和加腋梁；
- 能够根据梁图纸信息准确完整地输入主次梁钢筋信息；
- 能够对梁进行二次编辑操作

 任务说明

完成图纸（标高 −0.100m 梁平法施工图）负一层（−0.100m 标高处）Ⓗ轴 KL8 的属性定义及图元绘制。

学习任务 7.1　定义框架梁

学习任务描述

定义案例工程 −1 层中 KL8 的属性信息

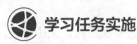

学习任务实施

在导航树中单击【梁】→【梁】，在构件列表中单击【新建】→【新建矩形梁】。

新建矩形梁KL8，如图7.1所示，然后按照"KL8"图纸信息输入梁属性信息，如图7.2所示。

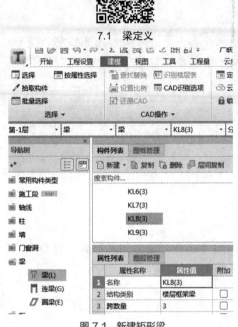

图7.1 新建矩形梁　　图7.2 梁属性信息

① 名称：按照图纸输入"KL8（3）"，该名称在当前楼层的当前构件类型下是唯一的。

② 结构类别：软件会根据构件名称中的字母自动生成，也可以根据实际情况进行选择，梁的类别下拉框选项中有7类，按照实际情况此处选择"楼层框架梁"，如图7.3所示。

③ 跨数量：梁的跨数量，直接输入，此处输入"3"。没有输入的情况下，提取梁跨后自动读取。

④ 截面宽度和截面高度：按图纸信息对应输入"350"和"500"。

⑤ 轴线距梁左边线距离：按键盘"～"键显示梁的绘制方向箭头，按照箭头方向左手边为左方向。

图7.3 梁的结构类别

⑥ 箍筋：KL8（3）的箍筋信息 Φ8@100/200（4）。

⑦ 上部通长筋：根据图纸集中标注保持，此处输入 2Φ25+（2Φ12）。

⑧ 下部通长筋：根据图纸集中标注保持，无下部通长筋。

⑨ 侧面构造或受扭筋（总配筋值）：格式（G 或 N）数量＋级别＋直径，其中 G 表示构造钢筋，N 表示抗扭构造筋，根据图纸集中标注，此处输入"G4Φ12"。

⑩ 拉筋信息：当有侧面纵筋时，软件按计算设置中的设置自动计算拉筋信息。也可按照所选图集设置，例如 22G101-1 规定，梁腹板高度 ≤ 350mm，拉筋为 Φ6，梁腹板高度

>350mm，拉筋为 Φ8。

⑪ 起点顶标高和终点顶标高：软件默认的梁的顶标高均为当前层的层顶标高，集中标注中没有特殊要求，所以标高保持默认信息。只按照梁的绘制方向起始点为起点，结束点为终点，如果是水平梁，则起点顶标高和终点顶标高相等，如果是斜梁，则起点顶标高低于终点顶标高。

⑫ 钢筋信息：梁属性中钢筋信息均为梁集中标注信息，原位标注钢筋信息均不在属性列表中输入。

注意

在信息输入过程中，重点需要关注的是软件的信息一定要与图纸信息保持一致。按照同样的方法，根据不同的类别，定义其余的梁，输入属性信息。

学习任务 7.2　绘制框架梁

 学习任务描述

绘制案例工程 −1 层 KL8 构件图元；
用"对齐"命令完成案例工程 −1 层 KL10 与 KZ 外边缘的对齐；
用"偏移"命令完成案例工程 −1 层 L4 的绘制

 学习任务实施

梁在绘制时，要先主梁后次梁。通常，画梁时按先上后下、先左后右的方向来绘制，以保证所有的梁能够全部计算。

7.2　梁绘制和原位标注

7.2.1　绘制案例工程−1层KL8构件图元

梁为线性构件，直线形的梁采用"直线"绘制的方法比较简单，如 KL8。在绘图界面，单击【直线】，单击梁的起点①轴与Ⓗ轴的交点，单击梁的终点④轴与Ⓗ轴的交点即可，如图 7.4 所示。

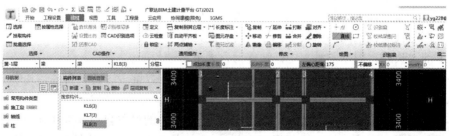

图 7.4　梁的直线绘制

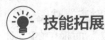 **技能拓展**

（1）绘制弧形梁

①先定义弧形梁，定义方法同矩形梁。

②绘制弧形梁。软件提供了三种方法，分别是"两点大弧""两点小弧""起点圆心终点弧"，如图7.5所示。

③画弧，用鼠标左键选中弧形梁的第一点、第二点、第三点，按右键完成，如图7.6所示。

图7.5 绘制弧形梁方法图

图7.6 绘制弧形梁

（2）绘制加腋梁

根据所设置的属性，手动或者自动生成梁加腋。在弹出的对话框中，如图7.7所示，选择生成方式、加腋钢筋信息，选择梁图元生成加腋。

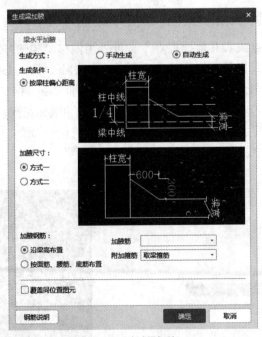

图7.7 生成梁加腋

7.3 加腋梁绘制

7.2.2 用"对齐"命令完成案例工程-1层KL10与KZ外边缘的对齐

对于Ⓜ轴上①～④轴间的KL10，其中心线不在轴线上，但由于KL10与两端框架柱一侧平齐，因此，除了采用【Shift】+ 鼠标左键的方法偏移绘制外，还可用"对齐"功能。

① 在轴线上绘制 KL10（3），绘制完成后，选择"建模"页签下"修改"面板中的"对齐"命令，如图 7.8 所示。

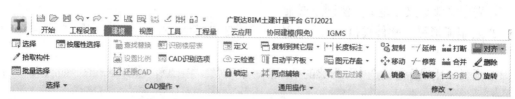

图 7.8 "对齐"命令

② 根据提示，先选择柱上侧的边线，再选择梁上侧边线，对齐成功后如图 7.9 所示。

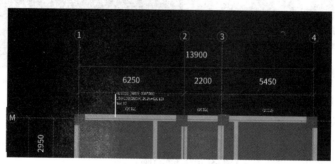

图 7.9 梁柱对齐

7.2.3 用"偏移"命令完成案例工程–1层L4的绘制

端点不在轴线的交点或者其他捕捉点上，可采用偏移绘制的方法也就是采用【Shift】+ 鼠标左键的方法捕捉轴线以外的点来绘制。具体操作如下，绘制 L4，两个端点分别为：②轴与Ⓜ轴交点偏移 "X=-1550-125"，"Y=0"；②轴与Ⓚ轴交点偏移 "X=-1550-125"，"Y=0"。

将鼠标放在Ⓜ轴与②轴交点，同时按下【Shift】键和鼠标左键，在弹出的"请输入偏移值"对话框中输入相应的数值，单击【确定】按钮，这样就选定了第 1 个端点。采用同样方法，确定第 2 个端点来绘制 L4，如图 7.10、图 7.11 所示。

图 7.10 偏移值

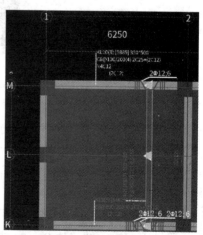

图 7.11 梁的偏移绘制

学习任务 7.3　梁原位标注钢筋输入及算量

 学习任务描述

布置案例工程 −1 层 KL8 的原位标注钢筋；

布置案例工程梁的吊筋和次梁加筋

 学习任务实施

7.3.1　布置案例工程−1层KL8的原位标注钢筋

梁绘制完毕后，只是对梁集中标注的信息进行了输入，还需进行原位标注的输入。由于梁是以柱和墙为支座的，提取梁跨和原位标注之前，需要绘制好所有的支座。图中梁显示为粉色时，表示还没有进行梁跨提取和原位标注的输入，也不能正确地对梁钢筋进行计算。

在 GTJ2021 中，可以通过三种方式来提取梁跨，一是使用"原位标注"；二是使用"重提梁跨"；三是使用"设置支座"功能。

对于没有原位标注的梁，可通过提取梁跨来把梁的颜色变为绿色。有原位标注的梁，可通过输入原位标注来把梁的颜色变为绿色。

软件中用粉色和绿色对梁进行区别，目的是提醒哪些梁进行了原位标注的输入，便于检查，防止出现忘记输入原位标注，影响计算结果的情况。

梁的原位标注钢筋主要有支座钢筋、跨中筋、下部钢筋、架立筋和次梁筋，另外，变截面也需要在原位标注中输入。案例工程Ⓗ轴的 KL8，具体操作如下。

①在"梁二次编辑"面板中选择"原位标注"。

②选择要输入原位标注的 KL8 梁，绘图区显示原位标注的输入框，下方显示平法表格。

③对应输入钢筋信息，有两种方式。一是在绘图区域显示的原位标注输入框中进行输入，比较直观，如图 7.12 所示。二是"梁平法表格"中输入，如图 7.13 所示。

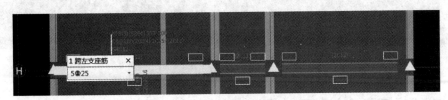

图 7.12　梁的原位标注

图 7.13　梁平法表格输入

7.4　梁平法表格
输入

注意

输入后按【Enter】键跳转的方式，软件默认的跳转顺序是左支座筋、跨中筋、右支座筋、下部钢筋，然后下一跨的左支座筋、跨中筋、右支座筋、下部钢筋。如果想要自己确定输入的顺序，可用鼠标选择需要输入的位置，每次输入后需要按【Enter】键或者单击其他方框确定。

 技能拓展

（1）梁原位标注的快速技巧

1）梁跨数据复制

把某一跨的原位标注复制到另外的跨，可以跨图元进行操作，复制内容主要是钢筋信息。

操作方法：在"梁二次编辑"中选择"梁跨数据复制"功能，选择一段已经进行原位标注的梁跨，单击右键结束选择（需要复制的梁跨选中后显示红色），然后单击复制上标注的目标跨（目标跨选中显示黄色），单击右键确定，完成复制。

2）应用到同名称梁

如果图纸中存在多个同名称的梁，原位标注信息完全一致，就可以采用"应用到同名称梁"功能来快速地实现原位标注的输入。

操作方法：在"梁二次编辑"中选择"应用到同名称梁"，左键选择已完成原位标注的梁，右键确定完成操作，则软件弹出应用成功的提示，在此可看到有几道梁应用成功。

（2）设置梁支座

如果存在梁跨数与集中标注不符的情况，则可使用"设置支座"功能进行支座的设置工作。

操作步骤如下：①在"梁二次编辑"中选择【设置支座】；②左键选择需要设置的梁，如 KL8，如图 7.14 所示；③左键选择或框选作为支座的图元，右键确定；④当支座设置错误时，可以采用"删除支座"的功能进行删除。

图 7.14　设置支座

7.3.2　布置案例工程梁的吊筋和次梁加筋

根据如图 7.15 所示图纸说明设置梁的吊筋和次梁加筋，具体操作如下：①在"梁二次编辑"中单击【生成吊筋】，次梁加筋也可以通过该功能实现；②在弹出"生成吊筋"对话框中，根据图纸输入次梁加筋的钢筋信息，如图 7.16 所示；③设置完成后，单击【确定】按钮，然后在图中选择要生成次梁加筋的主梁和次梁，单击右键确定，即可完成吊筋的生成。

7.5 次梁绘制和吊
筋布置

图 7.15 图纸信息　　　　　　　　图 7.16 生成吊筋

注意

必须进行提取梁跨后，才能使用此功能自动生成；运用此功能，同样可以整楼生成。

 技能拓展

如果当图纸中的原位标注中标注了侧面钢筋的信息，或结构设计总说明中表明了整个工程的侧面钢筋配筋，那么，除了在原位标注中进行输入外，还可使用"生成侧面筋"的功能来批量配置梁侧面钢筋。操作方法如下：

① 在"梁二次编辑"中选择"生成侧面筋"。

② 弹出"生成侧面筋"对话框，选择"梁腹板高"或"梁高"定义好侧面筋，如图 7.17 所示，可利用插入行添加侧面钢筋信息，高和宽的数值要求连续。

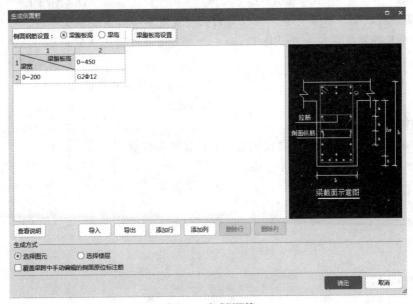

图 7.17 生成侧面筋

其中"梁腹板高设置"对话框，可以修改相应"下部纵筋排数"对应的"梁底至梁下部纵筋合力点距离 s"，如图 7.18 所示。

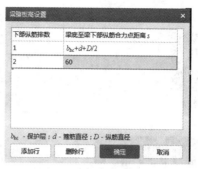

图 7.18　梁腹板高设置

③ 软件生成方式有"选择图元"和"选择楼层"。"选择楼层"则在右侧选择生成侧面筋的楼层，该楼层中所有的梁均生成侧筋。

 能力训练题

一、选择题

1. 当梁进行原位标注时，多跨的支座处钢筋一致，可以点击（　　）输入当前列数据。

    A．F1　　　　　　　B．F2　　　　　　　C．F5　　　　　　　D．F6

2. 应用到其他同名称梁不能复制（　　）梁的钢筋信息。

    A．上部钢筋　　　B．下部钢筋　　　C．箍筋　　　　　D．吊筋

3. 在软件中，梁的集中标注和原位标注都已经标注好，使用（　　）可以显示出详细信息来。

    A．L　　　　　　　B．Shift＋L　　　　C．Ctrl＋L　　　　D．Alt＋L

4. 在某一层绘制了很多道梁，在检查的时候发现不小心少绘制了一道，可是梁构件太多，找到这个构件也很麻烦，可以利用（　　）功能直接在图上选到与要补画的梁相同的构件直接绘制。

    A．拾取构件　　　　　　　　　　　B．按名称选择构件图元

    C．按类型选择构件图元　　　　　　D．选配

二、技能操作题

绘制图纸工程中所有楼层的梁及钢筋，并计算其工程量。

任务8　板建模及算量

 素质目标

- 具有认真严谨的工作态度，严格按照图纸进行模型构建；
- 具有规则意识，按照工程项目要求的清单和定额规则进行算量；
- 具有良好的沟通能力，能在对量过程中以理服人；
- 具有不怕困难、不辞辛劳、勇于创新的精神

知识目标

- 掌握定义现浇板、板受力筋、板负筋及分布筋的属性；
- 掌握现浇板、板受力筋、板负筋及分布筋的绘制方法；
- 掌握查看布筋范围、查看布筋情况、应用同名板等命令的使用方法

技能目标

- 能够根据图纸准确定义板和板筋属性；
- 会绘制现浇板、板受力筋、板负筋及分布筋、斜板；
- 能够对板进行二次编辑操作

任务说明

　　完成案例图纸（标高 -0.100m 楼板平法施工图）负一层（-0.100m 标高处）①～②轴与
Ⓐ～Ⓑ轴所围 LB01 的板和板筋属性定义及绘制图元。

学习任务 8.1　定义及绘制现浇板

 学习任务描述

　　定义案例工程①～②轴与Ⓐ～Ⓑ轴所围 LB01 板属性信息；
　　绘制案例工程①～②轴与Ⓐ～Ⓑ轴所围 LB01 板

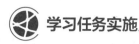

学习任务实施

完成案例工程①～②轴与Ⓐ～Ⓑ轴所围 LB01 板定义和绘制。

8.1.1 定义案例工程①～②轴与Ⓐ～Ⓑ轴所围LB01板属性信息

在导航树中单击【板】→【现浇板】，在构件列表中单击【新建】→【新建现浇板】。新建现浇板 LB01，如图 8.1 所示，然后按照 LB01 图纸信息，在属性列表中输入相应的属性信息，如图 8.2 所示。

图 8.1 新建现浇板

8.1 楼板的定义和绘制

图 8.2 板的属性信息

① 名称：按照图纸输入"LB01"，该名称在当前楼层的当前构件类型下是唯一的。

② 厚度（mm）：现浇板的厚度，此处输入"120"。

③ 类别：板的类别下拉框选项中有 8 类，按照实际情况此处选择"平板"，如图 8.3 所示。

④ 是否是楼板：主要与计算超高模板、超高体积起点判断有关，若"是"则表示构件可以向下找到该构件作为超高计算的判断依据，若"否"则超高计算判断与该板无关。

⑤ 顶标高：板顶的标高，可根据实际情况进行调整。LB01 此处按默认"层顶标高"。例如③～④轴与Ⓐ～Ⓑ轴所围的

图 8.3 板的类别

LB02，板标高显示（H −0.800）表示比 −0.100m 低 −0.800m，输入标高时可输入为"−0.9"或"层顶标高 −0.8"。

⑥ 马凳筋参数图、信息：根据现场实际情况确定，此工程按以下设置：L_2= 板厚 − 两倍的保护层，如图 8.4 所示。

⑦ 拉筋：图纸中没有拉筋，所以不输入，一般在中空板或者双层钢筋中存在，如图 8.5 所示。

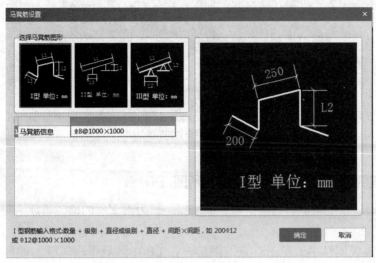

图 8.4 马凳筋参数图

图 8.5 拉筋

🔆 技能拓展

软件中提供了三种方式定义斜板。选择要定义的斜板，以利用坡度系数定义斜板为例，操作方法为：在"板受力筋二次编辑"中选择"坡度变斜"，先按鼠标左键选择要定义的斜板，然后左键选择斜板基准边，可以看到选中的板边缘变为淡蓝色，输入坡度系数，如图 8.6 所示，点击【确定】就变成了斜板，如图 8.7 所示。但是此时柱、梁、板等构件并未跟斜板平齐，右键单击"自动平齐板顶"，选择柱、梁、板图元，弹出对话框询问"是否同时调整手动修改顶标高的柱、梁、墙的顶标高"，点击【是】，然后利用三维查看斜板的效果，如图 8.8 所示。

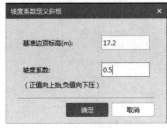

图 8.6 坡度系数

图 8.7 斜板

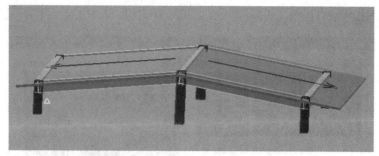

图8.8　三维查看斜板的效果

8.1.2　绘制案例工程①～②轴与Ⓐ～Ⓑ轴所围LB01板

板定义准确后，准备进行板的绘制，但前提是作为板支座的梁、墙须绘制完成。

（1）点绘制板

定义好现浇板属性后，单击"点"图标，在LB01区域单击左键，即可完成布置，如图8.9所示。

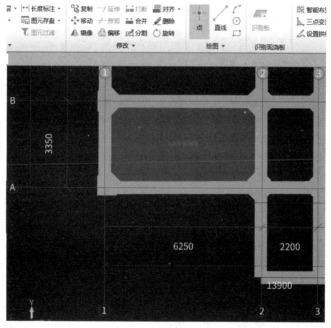

图8.9　点绘制板

（2）直线绘制板

定义准确后，单击"直线"图标，左键单击LB01边界区域的交点，围成一个封闭区域，即可布置完成。

 **技能拓展**

（1）矩形绘制板

如果图中没有围成封闭区域的位置，可采用"矩形"画法来绘制板。单击"矩形"图标，选择现浇板图元的一个顶点，再选择对角的顶点，即可绘制一块矩形板。

（2）自动生成板

当板下的梁、墙绘制完毕，且图中板类别较少时，可使用自动生成板，软件根据图纸中梁和墙围成的封闭区域来生成整层的板。自动生成完毕后，需要检查图纸，将与图中板信息不符的修改过来，对图中没有板的地方进行删除。

学习任务 8.2　定义及绘制板钢筋

 学习任务描述

完成案例工程①～②轴与Ⓐ～Ⓑ轴所围 LB01 板受力筋定义和绘制；

完成案例工程Ⓔ～Ⓕ轴与②～③轴的板的跨板受力筋 Φ8@180 定义和绘制；

完成案例工程①～②轴与Ⓐ～Ⓑ轴所围 LB01 板Ⓑ轴负筋 Φ8@150 定义和绘制

 学习任务实施

现浇板绘制准确后，接下来布置板受力钢筋。

8.2　板受力筋布置

8.2.1　完成案例工程①～②轴与Ⓐ～Ⓑ轴所围LB01板受力筋定义和绘制

（1）定义案例工程①～②轴与Ⓐ～Ⓑ轴所围 LB01 板受力筋的属性信息

在导航树中单击【板】→【板受力筋】，在构件列表中单击【新建】→【新建板受力筋】。

以①～②轴与Ⓐ～Ⓑ轴所围 LB01 板配筋：底部受力筋（双向 Φ8@200）为例，新建板受力筋"SLJ-Φ8@200"，根据图纸信息，在属性列表中输入相应的属性信息，如图 8.10 所示。

① 名称：结施图中没有定义受力筋的名称，用户可根据实际情况输入容易辨认的名称，这里按钢筋信息输入"SLJ-Φ8@200"。

② 类别：在软件中可以选择底筋、面筋、中间层筋和温度筋，在此选择"底筋"。

③ 钢筋信息：按照图中钢筋信息输入"Φ8@200"。

④ 左弯折和右弯折：按照实际情况输入受力筋的端部弯折

图 8.10　板受力筋的属性信息

长度。软件默认为"0"，表示按照计算设置中默认的"厚板减 2 倍保护层厚度"来计算弯折长度。此处会关系钢筋计算结果，如果图纸中没有特殊说明，不需要修改。

⑤ 钢筋锚固和钢筋搭接：取楼层设置中设置的初始值，可以根据实际图纸情况进行修改。

⑥ 长度调整：输入正值或负值，对钢筋的长度进行调整，此处不输入。

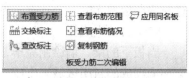

图 8.11　布置受力筋

（2）绘制案例工程①～②轴与Ⓐ～Ⓑ轴所围 LB01 板受力筋

在导航树中，选择"板受力筋"，在"板受力筋二次编辑"中单击【布置受力筋】，如图 8.11 所示。

布置板的受力筋，按照布置范围，有"单板""多板""自定义""按受力筋范围"布置；按照钢筋方向，有"XY 方向""水平""垂直""两点""平行边""弧线边布置放射筋"以及"圆心布置放射筋"布置范围，如图 8.12 所示。

○ 单板○ 多板○ 自定义○ 按受力筋范围○ XY 方向○ 水平○ 垂直○ 两点○ 平行边○ 弧线边布置放射筋○ 圆心布置放射筋

图 8.12　布置范围

①～②轴与Ⓐ～Ⓑ轴所围 LB01 板受力筋，由施工图可知，其受力筋只有底筋，底筋在 X 和 Y 方向的钢筋信息一致，都是 ⸱8@200，这里采用"XY 方向"来布置。

操作方法：选择"单板"→"XY 方向"，选择①～②轴与Ⓐ～Ⓑ轴所围 LB01 板，弹出如图 8.13 所示的对话框。由于该板 X 和 Y 方向的钢筋信息相同，选择"双向布置"，在钢筋信息中选择相应受力筋名称"SLJ-⸱8@200（⸱8@200）"，单击【确定】按钮，即可布置单板的受力筋，如图 8.14 所示。

双向布置：底筋与面筋配筋不同，但底筋或面筋 X、Y 方向配筋相同时使用。

双网双向布置：当底筋和面筋的 X、Y 方向配筋均相同时使用。

XY 向布置：适用于底筋的 X、Y 方向信息不同，面筋的 X、Y 方向信息不同的情况。

选择参照轴网：可以选择以哪个轴网的水平和竖直方向为基准，进行布置，不勾选时，以绘图区水平方向为 X 方向，竖直方向为 Y 方向。

图 8.13　板受力筋的智能布置

图 8.14　单板的受力筋

 技能拓展

由于 LB01 板的钢筋信息都相同，可以使用"应用同名板"来布置其他同名板的钢筋。

操作方法：选择"建模"→"应用同名板"，选择已经布置钢筋的 LB01 图元，单击鼠标右键确定，则其他同名板就都布置上了相同的钢筋信息。

对于其他板的钢筋，可以采用相应的布置方式布置。

8.2.2 完成案例工程Ⓔ～Ⓕ轴与②～③轴的板的跨板受力筋⊈8@180的定义和绘制

（1）定义案例工程Ⓔ～Ⓕ轴与②～③轴的板的跨板受力筋 ⊈8@180 的属性信息

在导航树中单击【板】→【板受力筋】，在构件列表中单击【新建】→【新建跨板受力筋】。软件弹出跨板受力筋的界面，按照图纸依次输入各属性，如图 8.15 所示。

8.3 跨板受力筋布置

① 左标注和右标注：左右两边伸出支座的长度，根据图纸的标注进行输入，一边为"1050"，一边为"0"。

② 马凳筋排数：根据实际情况输入。

③ 标注长度位置：可选择支座中心线、支座内边线、支座轴线和支座外边线，如图 8.16 所示，根据图纸标注的实际情况进行选择，此工程选择"支座中心线"。

分布钢筋：结构说明中，如图 8.17 所示，板厚 120mm，此处输入"φ8@250"。也可以在计算设置中对相应的项进行输入，这样就不用针对每一个钢筋构件进行输入了。

	属性名称	属性值	附加
1	名称	KBSLJ-⊈8@180	☐
2	类别	面筋	☐
3	钢筋信息	⊈8@180	☐
4	左标注(mm)	1050	☐
5	右标注(mm)	0	☐
6	马凳筋排数	1/1	☐
7	标注长度位置	(支座中心线)	☐
8	左弯折(mm)	(0)	☐
9	右弯折(mm)	(0)	☐
10	分布钢筋	Φ8@250	☐
11	备注		☐
12	⊞ 钢筋业务属性		
21	⊞ 显示样式		

图 8.15 跨板受力筋

7	标注长度位置	(支座中心线)
8	左弯折(mm)	支座内边线
9	右弯折(mm)	支座轴线
10	分布钢筋	支座中心线
11	备注	支座外边线
12	⊞ 钢筋业务属性	

图 8.16 标注长度位置

9）现浇板中未注明的分布筋见下表   表4

板厚 h(mm)	h<75	75<h<90	90<h<130	130<h<160	160<h<220	220<h<250
分布筋	Φ6@250	Φ6@200	Φ8@250	Φ8@200	Φ8@150	Φ8@130

图 8.17 分布钢筋图纸信息

（2）绘制案例工程Ⓔ～Ⓕ轴与②～③轴的板的跨板受力筋 ⊈8@180

对于该位置的跨板受力筋，可采用"单板"和"水平"布置的方式来绘制。选择"单板"，再选择"水平"，单击Ⓔ～Ⓕ轴与②～③轴的楼板，即可布置水平方向的跨板受力筋。若左右标注不一致，可采用点击【交换左右标注】，交换左右标注来处理。

其他位置的跨板受力筋采用同样的布置方式。

 技能拓展

（1）查看布筋范围

在查看工程时，板筋布置比较密集，想查看具体某根受力筋或者负筋的布置范围，操作方法如下：

在"板受力筋二次编辑"中选择"查看布筋范围"，移动鼠标，当鼠标指向某根受力筋或负筋图元时，该图元所布置的范围显示为蓝色。

（2）查看布筋情况

查看受力筋、负筋布置的范围是否与图纸一致，对它们进行检查和校验。以受力筋为例，操作方法如下：

在"板受力筋二次编辑"中选择"查看布筋情况"，当前层中会显示所有底筋的布置范围及方向，在选择受力筋类型中，可选择不同的钢筋类型查看其布置范围。

8.2.3 完成案例工程①～②轴与Ⓐ～Ⓑ轴所围LB01板Ⓑ轴负筋⊕8@150定义和绘制

（1）定义案例工程①～②轴与Ⓐ～Ⓑ轴所围 LB01 板Ⓑ轴负筋 ⊕8@150 的属性信息

8.4 板负筋布置

在导航树中单击【板】→【板负筋】，在构件列表中单击【新建】→【新建板负筋】。定义板负筋属性信息，如图 8.18 所示。

① 左标注和右标注：左标注输入"1050"，右标注输入"1050"。

② 非单边标注含支座宽：对于左右均有标注的负筋，指左右标注的尺寸是否含支座宽度，这里根据图纸情况选择"否"。

③ 单边标注位置：根据图中实际情况选择"支座内边线"。

（2）绘制案例工程①～②轴与Ⓐ～Ⓑ轴所围 LB01 板Ⓑ轴负筋 ⊕8@150

图 8.18 板负筋的属性信息

负筋定义完毕后，回到绘图区，对①～②轴与Ⓐ～Ⓑ轴的 LB01 板进行负筋的布置。在"板负筋二次编辑"面板上单击【布置负筋】，可选择按"板边布置"，再将鼠标移动到相应的板边，显示一道蓝线，并且显示出负筋的预览图，确定方向即可布置。

📖 能力训练题

一、选择题

1. 软件中板受力钢筋的四种类型有：底筋、面筋、中间层筋和（　　）。

   A. 负筋　　　　　　B. 温度筋　　　　　C. 分布筋　　　　　D. 马凳筋

2. 软件中板的功能不包括（　　）。

   A. 合并板　　　　　B. 定义斜板　　　　C. 查看板内钢筋　　D. 自动分割板

3. 自动生成最小板是按（　　）生成的。

   A. 支座轴线　　　　B. 支座中心线　　　C. 支座外边线　　　D. 支座内边线

4. 在绘制板中受力筋时，采用（　　）方法可以一次性将板中的面筋和底筋绘制出来。

   A. XY 方向布置受力筋　　　　　　　　B. 平行边布置

   C. 两点布置　　　　　　　　　　　　D. 水平布置

二、技能操作题

绘制图纸工程中所有楼层的楼板及楼板钢筋，并计算其工程量。

任务9 剪力墙建模及算量

 素质目标

- 具有认真严谨的工作态度，严格按照图纸进行剪力墙属性定义和模型构建；
- 具有规则意识，按照工程项目要求的清单和定额规则进行剪力墙算量；
- 具有良好的沟通能力，能在对量过程中以理服人

 知识目标

- 掌握剪力墙的属性定义；
- 掌握剪力墙的绘制方法；
- 掌握剪力墙的钢筋输入方法；
- 掌握剪力墙的智能布置和偏移绘制等命令的使用方法

 技能目标

- 能够根据图纸准确定义剪力墙属性；
- 学会绘制剪力墙；
- 能够根据基础图纸信息准确完整地输入剪力墙的钢筋信息；
- 能够对剪力墙进行二次编辑操作

 任务说明

　　完成案例工程（地下室外墙配筋图）负一层 DTQ1 和 DTQ2 的属性定义及图元绘制。

学习任务 9.1　定义剪力墙

学习任务描述

定义案例工程 −1 层中 DTQ1 和 DTQ2 的属性信息

学习任务实施

楼层选择负一层，在导航树中，单击【墙】→【剪力墙】，在构件列表中单击【新建】→【新建外墙】，如图9.1所示。

修改"属性列表"，按照图纸信息"地下室外墙配筋表"输入DTQ1和DTQ2的属性信息，如图9.2、图9.3所示。

根据图纸分析可知，DTQ1和DTQ2的属性信息只有标高部分是不同的。

9.1 剪力墙的定义和绘制

图9.1 新建外墙

	属性名称	属性值
1	名称	DTQ1
2	厚度(mm)	250
3	轴线距左墙皮...	(125)
4	水平分布钢筋	(2)Φ12@200
5	垂直分布钢筋	(2)Φ14@200
6	拉筋	Φ6@600×600
7	材质	预拌混凝土
8	混凝土类型	(预拌混凝土)
9	混凝土强度等级	(C35)
10	混凝土外加剂	(无)
11	泵送类型	(混凝土泵)
12	泵送高度(m)	
13	内/外墙标志	(外墙)
14	类别	混凝土墙
15	起点顶标高(m)	层顶标高
16	终点顶标高(m)	层顶标高
17	起点底标高(m)	层底标高
18	终点底标高(m)	层底标高

图9.2 DTQ1的属性列表

	属性名称	属性值
1	名称	DTQ2
2	厚度(mm)	250
3	轴线距左墙皮...	(125)
4	水平分布钢筋	(2)Φ12@200
5	垂直分布钢筋	(2)Φ14@200
6	拉筋	Φ6@600×600
7	材质	预拌混凝土
8	混凝土类型	(预拌混凝土)
9	混凝土强度等级	(C35)
10	混凝土外加剂	(无)
11	泵送类型	(混凝土泵)
12	泵送高度(m)	
13	内/外墙标志	(外墙)
14	类别	混凝土墙
15	起点顶标高(m)	-0.9
16	终点顶标高(m)	-0.9
17	起点底标高(m)	层底标高
18	终点底标高(m)	层底标高

图9.3 DTQ2的属性列表

① 名称：当图纸上面有名称时，与图纸保持一致即可，如图9.2、图9.3所示该名称在当前楼层的当前构件类型下是唯一的。

② 厚度：根据图9.4输入即可，本工程厚度为250mm。

地下室外墙配筋表：

名称	标高	墙厚/mm	外侧水平分布筋	外侧垂直分布筋	内侧水平分布筋	内侧垂直分布筋	拉筋
DTQ1	基础顶~-0.100	250	Φ12@200	Φ14@200	Φ12@200	Φ14@200	Φ6@600×600
DTQ2	基础顶~-0.900	250	Φ12@200	Φ14@200	Φ12@200	Φ14@200	Φ6@600×600

图9.4 地下室外墙配筋表

③ 轴线距左墙皮距离：剪力墙和梁构件是一样的，都属于线式构件，此条属性和梁构件一致。

④ 水平分布钢筋：按图纸信息为外侧钢筋和内侧钢筋双排布置，且均为Φ12@200，软件中的"（2）"表示双排钢筋布置，因此属性对应栏输入"（2）Φ12@200"即可。

⑤ 垂直分布钢筋：按图纸信息为外侧钢筋和内侧钢筋双排布置，且均为Φ14@200，软件中的"（2）"表示双排钢筋布置，因此属性对应栏输入"（2）Φ14@200"即可。

⑥ 拉筋：按照图纸输入即可。

⑦ 材质和混凝土类型：本工程使用预拌混凝土。

⑧ 混凝土强度等级：按照图纸结构设计总说明，地下室外墙为C35，如图9.5所示。

5. 混凝土：1)基础详基础平面图;基础、挡土墙:C35。   3)楼板施工应严格控制水胶比,并加强养护,防止出现干缩裂缝;

        2)基础顶~4.100m:框架柱、框架梁、现浇楼板C35;标高4.100m以上:框架柱、框架梁、现浇楼板C30。

        构造柱,过梁,圈梁C25。除垫层外的混凝土均采用预拌引气混凝土。

图9.5　混凝土标号

⑨ 混凝土外加剂、泵送类型和泵送高度：默认软件设置即可。

⑩ 类别：分为混凝土墙、电梯井壁、短肢剪力墙、大钢模板墙，此处选择"混凝土墙"即可。

⑪ 起点顶标高和终点顶标高：起点和终点代表绘制剪力墙图元的方向，只要墙体顶部是水平状态，那么起点和终点的顶标高就是一致的，此处按照图纸DTQ1应为"层顶标高"。

⑫ 起点底标高和终点底标高：起点和终点代表绘制剪力墙图元的方向，只要墙体底部是水平状态，那么起点和终点的底标高就是一致的，此处按照图纸应为"层底标高"。

学习任务9.2　绘制剪力墙

 学习任务描述

绘制案例工程−1层中DTQ1和DTQ2图元

 学习任务实施

剪力墙定义完毕后，单击【建模】按钮，切换到绘图界面。以①～②轴与Ⓐ轴之间的DTQ1为例。

（1）方法一　直线绘制剪力墙

在建模界面，软件默认"直线"画法，通过构件列表选择要绘制的构件DTQ1，用鼠标捕捉Ⓐ轴与②轴的交点，直接单击鼠标左键，然后捕捉Ⓐ轴与①轴交点，单击鼠标左键，完成①～②轴与Ⓐ轴之间的DTQ1，如图9.6所示。

图9.6　直线绘制剪力墙

按照同样的方法，根据图纸中DTQ1和DTQ2的位置，绘制好所有的剪力墙。值得注意的是，DTQ2的位置只在Ⓐ轴下方和④轴上面，其余的剪力墙都是DTQ1。

（2）方法二　用对齐命令绘制剪力墙

剪力墙绘制完成以后，可以看到，采用直线绘制的剪力墙位于轴线的中间，但是图纸中剪力墙的外边线和框架柱是平齐的，需要采用"对齐"功能进行调整。

操作步骤为：鼠标左键单击选择刚刚绘制好的①～②轴与Ⓐ轴之间的 DTQ1 →右键选择"对齐"→鼠标左键单击选择框架柱外边线→单击选择剪力墙外边线→右键确定完成对齐操作，如图 9.7、图 9.8 所示。

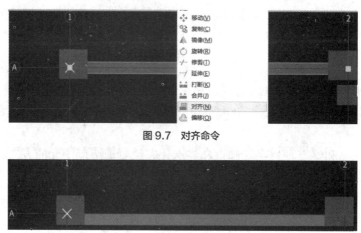

图 9.7　对齐命令

图 9.8　剪力墙边和柱边平齐

按照同样的方法，根据图纸中 DTQ1 和 DTQ2 的位置，调整好所有剪力墙的位置。

 技能拓展

（1）修改图元钢筋信息

1）水平分布钢筋双排钢筋信息不同

在剪力墙的属性列表中打开水平分布钢筋后面的信息，图标显示为▦，里面有多种情况的钢筋布置说明，如图 9.9 所示。

①第一种是本工程图纸使用的钢筋布置形式。

②第二种为左右侧配筋不同，用"＋"连接，"＋"前表示左侧的配筋，"＋"后表示右侧的配筋。左右侧指绘制剪力墙方向的左右两侧。

③第三种为三排或多排钢筋，依次为剪力墙左侧钢筋，中间层钢筋和右侧钢筋。

图 9.9　钢筋输入窗口

④第四种为同排存在隔一布一的钢筋且间距相同时，钢筋信息用"/"隔开。同间距隔一布一时，间距表示需参考计算设置进行取值。

⑤第五种为同排存在隔一布一的钢筋且间距不同时，钢筋信息用"/"隔开。

⑥第六种为每排各种配筋信息的布置范围由设计指定，钢筋信息用"/"隔开。

⑦垂直分布钢筋和水平分布钢筋布置形式、方法一样，此处不再过多介绍。

2）剪力墙身拉筋布置构造

剪力墙身拉筋布置构造有两种方式，一种为矩形布置，一种为梅花形布置，软件默认为矩形布置，工程图纸没有说明时，按照默认进行布置。如果需要修改，操作步骤为：【工程设置】→单击"钢筋设置"中的【计算设置】→【节点设置】→【剪力墙】→选择第 33 项，点击进行修改，如图 9.10、图 9.11 所示。

图 9.10 计算设置

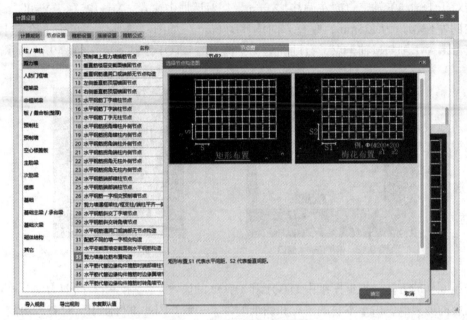

图 9.11 剪力墙身拉筋布置构造

（2）绘制剪力墙的其他方法

1）智能布置绘制剪力墙

若图中某条轴线上的剪力墙名称都相同，此时可以采用智能布置的方法来绘制。本工程中，Ⓜ轴和①轴上的剪力墙都是 DTQ1，④轴上的剪力墙都是 DTQ2，即可利用智能布置功能快速布置。以①轴上的 DTQ1 为例。

操作步骤为：在构件列表选择"DTQ1"→单击【建模】→"剪力墙二次编辑"→【智能布置】→选择"轴线"，如图 9.12 所示，然后单击①轴→右键确定，此时①轴上的 DTQ1 全部布置完成。

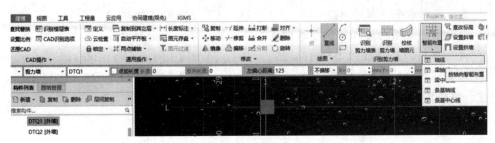

图 9.12 智能布置

按照同样的方法，可以快速绘制Ⓜ轴上的 DTQ1 和④轴上的 DTQ2。

此方法完成以后，也需要进行"对齐"操作。

2）偏移绘制剪力墙

以①轴上的 DTQ1 为例，由于图纸中显示 DTQ1 不以①轴的轴线居中布置，为了减少后期使用"对齐"功能，加速建模速度，可以使用【Shift】键 + 鼠标左键，相对于基准点偏移绘制。在建模窗口中选择直线绘制，把鼠标放在①轴与Ⓐ轴的交点处，显示为"+"，同时按下键盘上的【Shift】键和鼠标左键，弹出"请输入偏移值"对话框。由图可知，DTQ1 的中心相对于①轴与Ⓕ轴交点向左偏移 125mm，在对话框中输入"X=-125"，"Y=0"，表示水平方向向左偏移量为 125mm，竖直方向偏移为 0mm，如图 9.13 所示。单击【确定】按钮，鼠标单击选择①轴与Ⓜ轴垂点，右键确定，①轴上的 DTQ1 绘制完成，如图 9.14 所示。

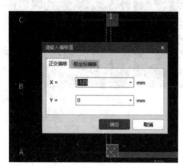

图 9.13 偏移值输入窗口

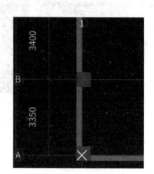

图 9.14 布置剪力墙

按照同样的方法，根据图纸中 DTQ1 和 DTQ2 的位置，绘制好所有的剪力墙。这种方法绘制完成的剪力墙，由于本身的位置和图纸的位置一致，因此不再使用"对齐"功能。

 **能力训练题**

一、选择题

1. 墙体的厚度模数可以在下列哪里调整？（　　　）

A. 计算设置　　　　B. 计算规则　　　　C. 标号设置　　　　D. 构件属性

2. 不属于墙的依附构件是（　　　）。

A. 墙　　　　　　　B. 门窗　　　　　　C. 压顶　　　　　　D. 圈梁

3. 墙身第一根水平分布筋距基础顶面的距离是（　　　）。

A. 50mm　　　　　　　　　　　　B. 100mm

C. 墙身水平分布筋间距　　　　　　D. 墙身水平分布间距 /2

4. GTJ2021 中剪力墙外侧钢筋与内侧钢筋直径不同时的输入方式是（　　　）。

A.（1）Φ12@200+（1）Φ10@200　　B.（1）Φ12-（1）Φ10@200

C.（1）Φ12+（1）Φ10@200　　　　D.（1）Φ12@200-（1）Φ10@200

二、技能操作题

绘制图纸工程中地下一层的剪力墙和钢筋，并计算其工程量。

任务10　砌体墙建模及算量

学习任务 10.1　定义及绘制砌体墙

 学习任务描述

　　定义案例工程中首层砌体内外墙的属性信息；

绘制案例工程中首层砌体内外墙图元；

绘制案例工程中首层砌体墙的砌体加筋

 学习任务实施

10.1.1 定义案例工程中首层砌体内外墙的属性信息

在导航树中，单击【墙】→【砌体墙】，在构件列表中单击【新建】→【新建外墙】，如图 10.1 所示新建砌体墙。

修改"属性列表"，按照图纸信息输入墙体属性信息，见图 10.2。

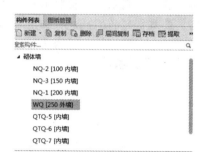

10.1　砌体墙建模

图 10.1　新建砌体墙

图 10.2　属性编辑

① 名称：本图未命名墙体名称，可按软件默认名称"QTQ-4"或改为"WQ"。同理新建内墙，区别墙厚，把名称改为"NQ-1""NQ-2"。

② 厚度：本层外墙为 250mm 厚，"厚度"为 250mm。内墙厚 200mm，隔墙厚 100mm。为在构件列表中显示墙厚，可把"厚度"后面附加的"□"勾选上。

③ 材质：选择"加气混凝土砌块"。

④ 砂浆类型：选择"预拌砂浆"

⑤ 砂浆标号：选择"M5.0"。

⑥ 内/外墙标志：根据墙体位置选择"外墙"或"内墙"。为在构件列表中区分内外墙，可把"内/外墙标志"后面附加的"□"勾选上。

⑦"起点顶标高"与"终点顶标高"：都选择"层顶标高"。"起点底标高"与"终点底标高"都选择"层底标高"，其他不变。

10.1.2 绘制案例工程中首层砌体内外墙图元

砌体墙定义完毕后，单击【绘图】按钮，切换到绘图界面。墙的画法有两种，一种是采用"直线"绘制，另一种是采用"智能布置"绘制。

（1）方法一 "直线"绘制①轴外墙 WQ

切换到绘图界面，软件默认"直线"画法，通过构件列表选择要绘制的构件 WQ，用鼠标捕捉M轴与①轴的交点，直接单击鼠标左键，再捕捉K轴与①轴交点，单击鼠标左键，就可完成①轴 WQ 的绘制，如图 10.3 所示。内墙同理。

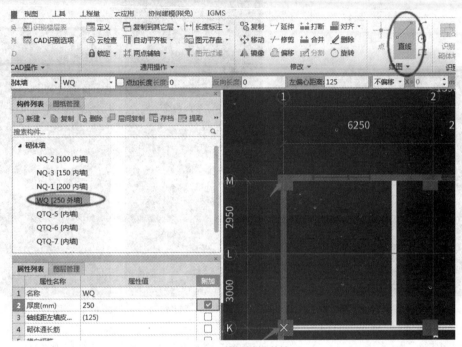

图 10.3 直线绘制砌体墙

由于图纸中显示外墙中心线没有和定位轴线重合，而是外墙外侧与柱外边缘对齐，见图 10.4，因此需要对外墙进行偏移。

点击"修改"菜单中【对齐】命令，光标变成"□"后，鼠标先点击框架柱左边缘，再点击外墙 WQ 左边缘，然后点击鼠标右键，将外墙 WQ 与柱外边缘对齐。见图 10.5、图 10.6。

（2）方法二 "智能布置"绘制K轴内墙 NQ-1

以K轴的内墙为例，介绍"智能布置"绘制墙体的方法。选择构件列表中的"NQ-1"，再单击【智能布置】下的"轴线"，选择K轴，画出内墙。见图 10.7、图 10.8。

10.1.3 绘制案例工程中首层砌体墙中的砌体加筋图元

砌体墙绘制完毕后，需要根据图纸信息在砌体墙内布置砌体加筋。砌体加筋分为两种情况，一种是沿砌体墙长度方向通长布置砌体加筋，另一种砌体加筋伸入墙段一定长度。

（1）方法一 通长布置砌体加筋

本案例工程图纸设计是沿墙贯通的，见图 10.9，就不用布置砌体加筋了，只需要在砌体墙的属性中设置通长筋 2Φ6@500 就可以，见图 10.10。

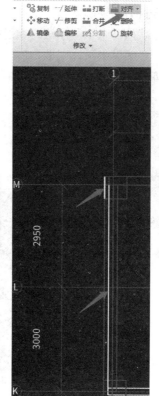

| 图 10.4　墙与柱外边对齐 | 图 10.5　对齐命令 | 图 10.6　外墙 WQ 与柱外边缘对齐 |

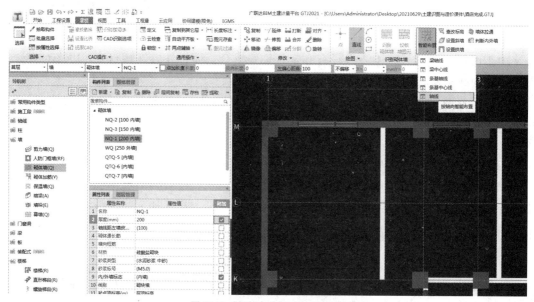

图 10.7　"智能布置"下的"轴线"

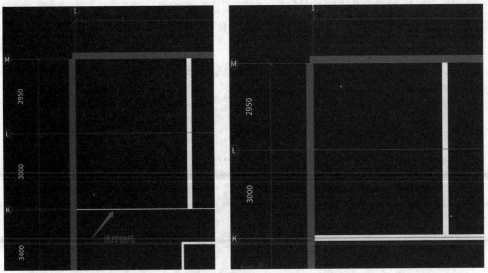

图 10.8 选择轴线，布置内墙

3)框架柱、构造柱与填充墙之间及填充墙与填充墙之间沿墙高每隔500mm高设置2Φ6拉筋,拉筋每边伸入墙内长度:
6、7度时宜沿墙全长贯通,8、9度时应全长贯通。

图 10.9 砌体加筋的说明

（2）方法二 非通长布置砌体加筋

① 针对非通长布置的砌体加筋。选择导航树【墙】→【砌体加筋】，在构件列表中新建砌体加筋，见图 10.11。

图 10.10 砌体通长筋属性编辑

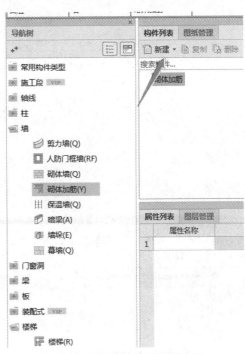

图 10.11 新建非通长布置的砌体加筋

② 弹出"选择参数化图形"对话框，根据图纸信息，选择相应的截面形状，并在右侧的预览图中修改尺寸参数，点击【确定】，见图10.12。

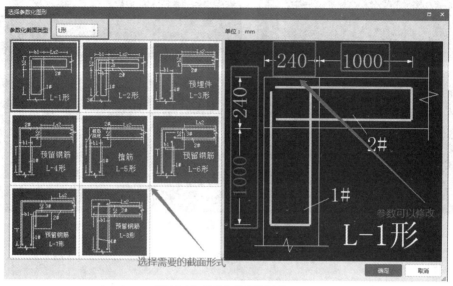

图 10.12　砌体加筋参数化图形

③ 在属性列表中修改钢筋属性值，见图10.13。

④ 布置砌体加筋。在绘图栏点击"点"，通过点布置的形式，在所需位置（如T形转角处）布置砌体加筋，见图10.14。可以通过【F3】键将图形进行左右镜像，见图10.15。通过【Shift】+【F3】进行上下镜像，见图10.16。

图 10.13　修改钢筋属性

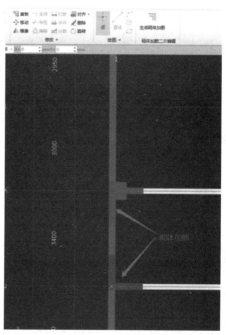

图 10.14　点布置砌体加筋

⑤ 也可以进行智能布置，生成砌体加筋。点击绘图区上方【生成砌体加筋】图标，弹出"生成砌体加筋"对话框，根据不同位置的设置条件，选择砌体加筋的截面样式，修改参数，可以"选择图元"或"选择楼层"进行砌体加筋布置，见图 10.17。

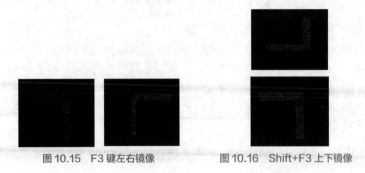

图 10.15　F3 键左右镜像　　　　图 10.16　Shift+F3 上下镜像

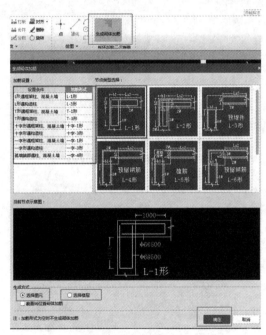

图 10.17　生成砌体加筋

学习任务 10.2　定义及绘制砌体墙中构造柱

 学习任务描述

定义案例工程中砌体墙内构造柱的属性信息；
布置案例工程中砌体墙内构造柱图元

学习任务实施

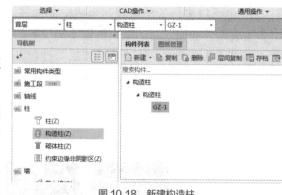

10.2.1 定义案例工程中砌体墙内构造柱的属性信息

根据本案例结构设计总说明第 9 项"填充墙的说明"中对构造柱的描述，首先要进行构造柱的属性定义：

① 在导航树中，单击【柱】→【构造柱】，在构件列表中单击【新建】→【新建矩形构造柱】，如图 10.18 所示。

图 10.18　新建构造柱

② 修改"属性列表"，按照图 10.19 图纸信息输入构造柱属性信息，如图 10.20 所示。

4）女儿墙,水平通窗及玻璃幕墙下填充墙中加设构造柱,间距≤2m;填充墙在横纵墙交接处、楼电梯间四角及墙长大于层高两倍时墙中设置构造柱,墙长大于5m时,沿墙长每5m处设置构造柱(参见建筑平面图;楼梯间构造柱布置参见楼梯配筋图)除注明外,断面为墙厚×200mm,纵筋4Φ12,箍筋Φ6@100/200。构造柱钢筋绑扎完后,应先砌墙,后浇混凝土,在构造柱处,墙体中应留好拉接筋.门窗洞口≥1.8m时,洞口两侧增设构造柱,断面为墙厚×200mm,纵筋4Φ12,箍筋Φ6@100/200。

图 10.19　构造柱属性编辑

10.2　构造柱建模

图 10.20　修改属性列表

10.2.2 布置案例工程中砌体墙内构造柱图元

构造柱定义完毕后，开始布置首层构造柱。构造柱的布置方法这里介绍三种，一种是采用"点"绘制，另一种是采用"智能布置"绘制，还有一种是利用"生成构造柱"绘制。

（1）方法一　点绘制Ⓚ轴砌体墙构造柱

切换到绘图界面，利用"点"画法，通过构件列表选择要绘制的构件 GZ-1，用鼠标捕捉纵横墙的交点，就可完成构造柱的绘制，如图 10.21 所示。

（2）方法二　智能布置

当图纸中构造柱数量较多时，可使用"智能布置"。选择构件列表中的 GZ-1，再单击【智能布置】下的"墙"，见图 10.22，选择需要布置构造柱的墙体，单击鼠标右键，画出构造柱，见图 10.23。

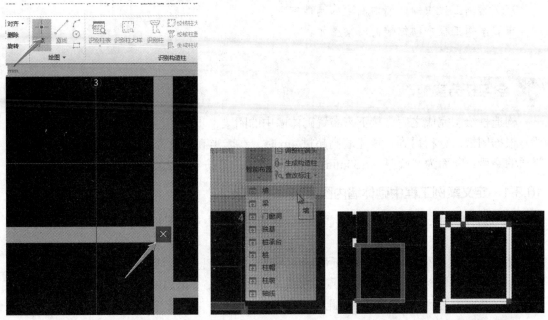

图 10.21 "点"绘制构造柱　　图 10.22 "智能布置"下的"墙"　　图 10.23 "智能布置"绘制构造柱

（3）方法三　生成构造柱

也可以点击绘图区上方【生成构造柱】图标，根据图纸信息，填写构造柱属性，选择生成方式，如"选择楼层"，选择首层，点击【确定】，即完成当前楼层构造柱的设置，见图 10.24。

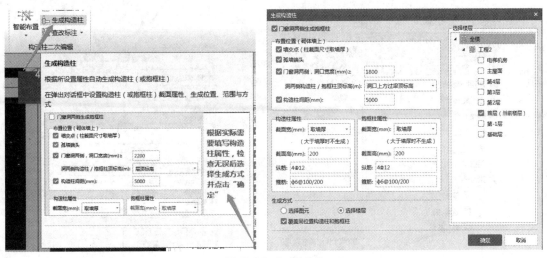

图 10.24　生成构造柱

学习任务 10.3　定义及绘制砌体墙中圈梁

 学习任务描述

定义案例工程中砌体墙内圈梁的属性信息；
布置案例工程中砌体墙内圈梁图元

 学习任务实施

构造柱绘制完成之后，接下来布置砌体墙中的圈梁，步骤还是先定义属性列表再布置圈梁。根据图纸，分析得到：填充墙高超过 4m 时，在墙半高处设置一道与柱连接且沿墙全长贯通的圈梁，断面为"墙厚 ×150mm"，纵筋 4Φ10，箍筋 Φ6@200（2）。

10.3.1　定义案例工程中砌体墙内圈梁的属性信息

① 在导航树中，单击【梁】→【圈梁】，在构件列表中单击【新建】→【新建矩形圈梁】，如图 10.25 所示。

② 修改"属性列表"，按照图纸信息输入圈梁属性信息，包括名称、截面尺寸、钢筋信息、混凝土类别和标号，起点和终点顶标高采用默认值，如图 10.26、图 10.27 所示。要注意，圈梁断面为"墙厚 ×150"，因此应根据不同的墙厚，新建多个圈梁。

10.3　圈梁建模

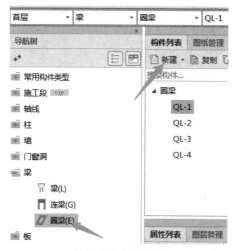

图 10.25　新建圈梁

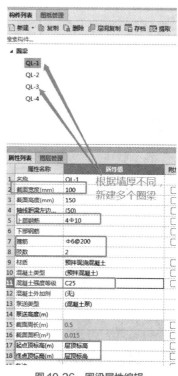

图 10.26　圈梁属性编辑

6）填充墙高超过4m时，在墙半高处设置一道与柱连接且沿墙全长贯通的圈梁，断面为墙厚×150mm，纵筋4Φ10，箍筋Φ6@200(2)。

9）女儿墙压顶及水平通窗窗台设圈梁，除注明外，断面为120mm×墙厚，纵筋4Φ10，箍筋Φ6@250(2)。

图 10.27 圈梁图纸说明

10.3.2 布置案例工程中砌体墙内圈梁图元

圈梁定义完毕后，开始布置圈梁。圈梁的布置方法有三种，一种是采用"直线"绘制，另一种是采用"智能布置"绘制，还有一种是利用"生成圈梁"绘制。

（1）方法一 直线绘制①轴砌体墙上的圈梁

切换到绘图界面，利用"直线"画法，通过构件列表选择要绘制的构件 QL，用鼠标捕捉需要布置圈梁的墙体的两个端点，就可完成圈梁的绘制，如图 10.28 所示。

（2）方法二 智能布置首层砌体墙上的圈梁

当图纸中圈梁数量较多时，可使用"智能布置"。选择构件列表中的 QL，再单击【智能布置】下的"墙中心线"，选择需要布置圈梁的墙体，单击鼠标右键，画出圈梁，见图 10.29。

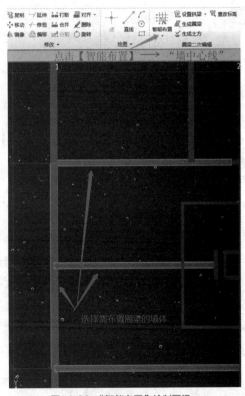

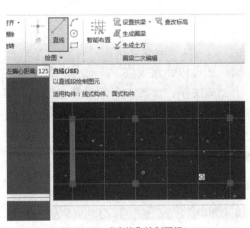

图 10.28 "直线"绘制圈梁　　　　　图 10.29 "智能布置"绘制圈梁

（3）方法三 生成圈梁

也可以点击绘图区上方【生成圈梁】图标，根据图纸信息，填写圈梁属性，选择生成方式，如"选择楼层"，选择首层，点击【确定】，即完成当前楼层圈梁的设置，见图 10.30。

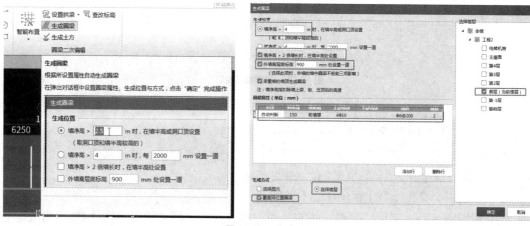

图10.30　生成圈梁

学习任务 10.4　定义及绘制虚墙、隔墙、山墙

 学习任务描述

定义和创建只起分隔作用的虚墙；

布置案例工程中没有定位轴线内（隔）墙的图元；

利用查改标高绘制尖顶山墙

 学习任务实施

10.4.1　定义和创建只起分隔作用的虚墙

砌体墙新建构件时，除了可以新建内墙、外墙，还可以新建虚墙。那么什么是虚墙呢？虚墙在软件中只起分隔的作用，不与任何构件发生扣减关系，虚墙本身不计算工程量，多是在房间内使用，作用是将复杂的房间分隔成简单的房间，以便软件准确计算出房间内的装修工程量。

虚墙的定义和绘制方法同上述内外墙，在这里不再赘述，见图10.31。

10.4.2　布置案例工程中没有定位轴线内（隔）墙的图元

本书案例工程中，Ⓙ～Ⓚ轴与①～②轴所围的房间中有一卫生间，其墙体为100mm厚的隔墙。隔墙没有定位轴线，因此无法通过捕捉定位轴线交点或者拾取定位轴线的方法绘制墙体。在这里给大家介绍一种新的绘制墙体的方法。

（1）输入偏移值绘制墙体

通过图纸尺寸，可以计算出M0821所在的隔墙中心线距离上面的Ⓚ轴为1350mm，见

图 10.32。选择构件列表中的 NQ-2（100mm），"绘图"菜单中选择"直线"，按住【Shift】键，鼠标左键点击Ⓚ轴与②轴交点，弹出对话框，在其中"X="后填入"0"，在"Y="后填入"−1350"，点击【确定】，见图 10.33。光标自动跳转到距离Ⓚ轴与②轴交点以下 1350mm 处。

图 10.31 创建虚墙

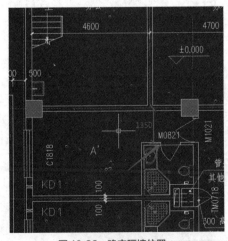

图 10.32 确定隔墙位置

10.4 绘制砌体加筋

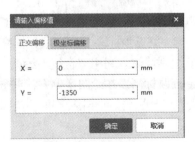

图 10.33 输入偏移值

（2）设置"点加长度"，确定墙体长度

通过图纸"客房 A′ 大样图"可以确定该面隔墙到墙中心线的长度为 1950mm，见图 10.34。将工具栏下方的"点加长度"前面的"□"勾选上，后面的数值输入"1950"，再将绘图区下方的"正交"按钮打开，向左绘制出一面长度为 1950mm 的墙体，见图 10.35、图 10.36。

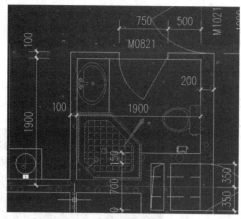

图 10.34　确定隔墙长度

图 10.35　勾选"点加长度"，打开正交

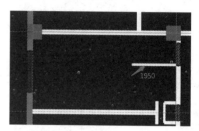

图 10.36　绘制指定长度墙体

10.4.3　利用查改标高绘制尖顶山墙

如图 10.37 所示，已知山墙厚 200mm，加气混凝土砌块墙长度 9.9m，最低处标高 2.950m，最高处标高 3.950m。

该山墙的绘图步骤如下。

① 楼层设置如图 10.38 所示。

10.5　尖顶山墙建模

图 10.37　尖顶山墙

首层	编码	楼层名称	层高(m)	底标高(m)	相同层数	板厚(mm)	建筑面积(m²)
☐	2	第2层	3	2.950	1	120	(0)
☑	1	首层	3	-0.050	1	120	(0)
☐	0	基础层	3	-3.050	1	500	(0)

图 10.38　楼层设置

② 新建砌块墙。导航树【墙】→【砌体墙】→构件列表"新建外墙"，进入属性编辑。

③ 属性编辑。墙厚为 200mm，材质为加气混凝土砌块，内 / 外墙标志为外墙，"起点顶标高"与"终点顶标高"为"层顶标高"，"起点底标高"与"终点底标高"为"层底标高"。

④ 绘制墙体。利用"直线"绘图，绘制两段连续的墙体，长度均为 4950mm。

⑤ 查改标高。在绘图区上方，点击"查改标高"，如图 10.39 所示。点击中间的两个标高，都改成"3.950"，按回车键，再点击鼠标右键。切换到三维，可以看到，尖顶山墙创建完成。

图 10.39　查改标高

能力训练题

一、选择题

1. 以下哪个新建墙构件不汇总计算工程量？（　　　）

   A. 砌体内墙　　　 B. 砌体外墙　　　 C. 虚墙　　　　　 D. 剪力墙

2. 以下哪种不是圈梁的布置方法？（　　）

   A. 直线绘制　　　 B. 点绘制　　　 C. 智能布置　　　 D. 生成圈梁

3. 通过哪个键，可以将图形进行左右镜像？（　　）

   A. F1　　　　　 B. F3　　　　　 C. Ctrl+F1　　　 D. Shift+F3

4. 当一段墙体顶标高不同时，可以通过以下哪个命令进行修改？（　　　）

   A. 设置斜墙　　　 B. 查改标高　　　 C. 对齐　　　　　 D. 偏移

二、技能操作题

绘制图纸工程中的砌体墙、圈梁、构造柱等构件，并计算其工程量。

任务11 门窗洞口和过梁建模及算量

素质目标

- 具有认真严谨的工作态度，严格按照图纸进行模型构建，不能主观臆断；
- 具有规则意识，按照工程项目要求的清单和定额规则进行算量；
- 具有精益求精的精神，工程量计算的精度将直接影响工程造价确定的精度，数量计算要准确

知识目标

- 掌握门窗洞各类构件属性定义；
- 掌握门窗、飘窗、带形窗的绘制方法；
- 掌握过梁构件的属性定义及绘制

技能目标

- 能够根据图纸准确定义门窗、飘窗、带形窗属性；
- 会利用不同方法绘制门窗、飘窗、带形窗；
- 能够根据图纸信息准确完整地输入过梁信息；
- 能够利用多种方法绘制过梁

任务说明

完成图纸（首层平面图 −0.100 ～ 4.200m）④轴与Ⓐ～Ⓕ轴之间砌体墙上门窗洞口及过梁的属性定义及图元绘制。

学习任务 11.1　定义及绘制门

学习任务描述

定义案例工程中首层砌体墙上门 M0927 和 YFM0927 的属性信息；

绘制案例工程中首层砌体墙上门 M0927 和 YFM0927 图元

学习任务实施

11.1.1 定义案例工程中首层砌体墙上门M0927和YFM0927的属性信息

砌体墙创建完成后，要对照建筑施工图设计说明中的门窗表，进行门属性的定义。

（1）新建矩形门

在导航树中，单击【门窗洞】→【门】，在构件列表中单击【新建】→【新建矩形门】，如图 11.1 所示。

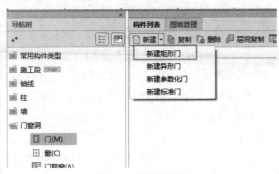

11.1 门窗洞口绘制

图 11.1 新建矩形门

（2）修改属性列表

按照图纸信息输入门的属性信息，如图 11.2 所示。

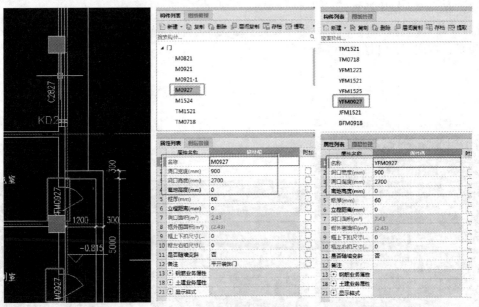

图 11.2 门定义属性

① 名称：根据图纸信息，新建"M0927"和"YFM0927"。

② 洞口宽度：两个门均为 900mm。

③ 洞口高度：两个门均为 2700mm。

④ 离地高度：门的离地高度为 0mm。

⑤ 框厚：根据图纸中的门窗大样图确定，本图按默认值 60mm。

11.1.2 绘制案例工程中首层砌体墙上门M0927和YFM0927图元

门定义完毕后，选择新建好的门构件绘制门。门窗洞构件属于墙的附属构件，因此门窗洞构件必须绘制在墙上。门的布置方法有三种，一种是采用"点"绘制，另一种是采用"智能布置"绘制，还有一种是进行"精确布置"。

（1）方法一　点绘制门

切换到绘图界面，门最常用的是"点"画法。对于计算工程量来说，墙扣减门窗洞口面积，只要门窗绘制在墙上即可，一般对位置要求不用很精确，因此一般直接用点绘制即可。点绘制时，将绘图区下方状态栏中的"动态输入"打开，见图 11.3。

图 11.3　打开动态输入

通过构件列表选择要绘制的构件"M0927"，将鼠标放在④轴上Ⓐ~Ⓑ轴之间的墙体上，键盘输入门距Ⓑ轴的距离"1900"，按回车，就可完成 M0927 的绘制，如图 11.4 所示。

（2）方法二　智能布置门

当门处于墙段中点的位置时，也可使用智能布置。还用 M0927 举例说明，假设 M0927 在Ⓐ轴和Ⓑ轴之间墙段中点的位置，选择构件列表中的"M0927"，再单击【智能布置】下的【墙段中点】，鼠标左键选择需布置门的墙段，再单击右键，即可在墙段中央布置门构件，见图 11.5。

图 11.4　点绘制门

（3）方法三　精确布置门

选择门构件"YFM0927"，鼠标左键选择参考点Ⓑ轴和④轴交点，在输入框中输入偏移值"500"，按回车，如图 11.6 所示。

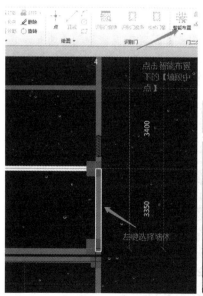

图 11.5　在墙段中点智能布置门

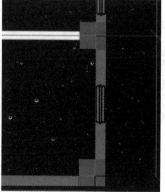

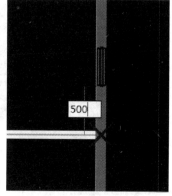

图 11.6　精确布置门

学习任务 11.2　定义及绘制窗

学习任务描述

定义案例工程中首层砌体墙上窗 C2827 的属性信息；

绘制案例工程中首层砌体墙上的窗图元；

绘制案例工程中转角窗 ZJC 图元；

绘制案例工程中飘窗 PC 图元

学习任务实施

11.2.1　定义案例工程中首层砌体墙上窗C2827的属性信息

① 在导航树中，单击【门窗洞】→【窗】，在构件列表中单击【新建】→【新建矩形窗】，如图 11.7 所示。

② 修改"属性列表"，按照图纸信息输入窗的属性信息，如图 11.8 所示。

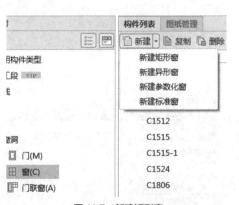

图 11.7　新建矩形窗

图 11.8　矩形窗定义属性

11.2.2　绘制案例工程中首层砌体墙上的窗图元

窗的布置方法也有三种，一种是采用"点"绘制，另一种是采用"智能布置"绘制，还有一种是进行"精确布置"。做法同门，在这里不再赘述。

11.2.3　绘制案例工程中转角窗ZJC图元

① 如图 11.9 所示，在平面图中有一转角窗，窗台处标高为 0.300m，窗顶处标高为

3.000m。转角窗用带形窗来创建。带形窗也需要附着在墙体上。

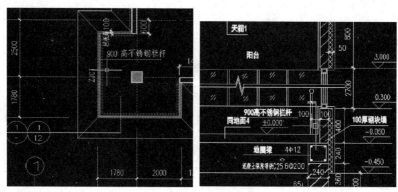

图 11.9　飘窗图纸信息

②新建带形窗。在导航树中，单击【门窗洞】→【带形窗】，在构件列表中单击【新建】→【新建带形窗】，如图 11.10 所示。

③修改"属性列表"，按照图纸信息输入带形窗的属性信息，如图 11.11 所示。将"起点顶标高"和"终点顶标高"改为"3"，"起点底标高"和"终点底标高"改成"0.3"。

图 11.10　新建带形窗

图 11.11　带形窗定义属性

④绘制转角窗。选择【智能布置】→【墙】，选择墙体，单击右键，完成转角窗的布置，见图 11.12。

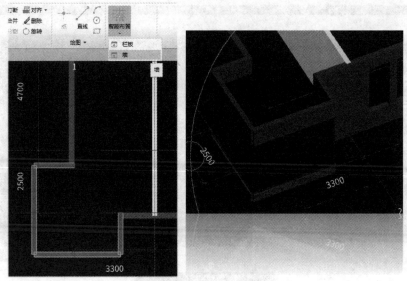

图 11.12　智能布置转角窗

11.2.4　绘制案例工程中飘窗PC图元

① 如图 11.13 所示，在平面图中有一飘窗，窗台处标高为 0.600m，窗顶处标高为 3.000m。飘窗也需要附着在墙体上。

11.2　参数化飘窗绘制

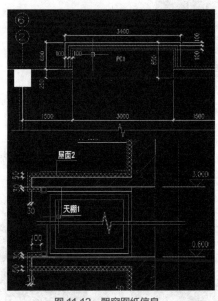

图 11.13　飘窗图纸信息

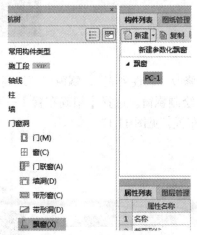

图 11.14　新建参数化飘窗

② 新建飘窗。在导航树中，单击【门窗洞】→【飘窗】，在构件列表中单击【新建】→【新建参数化飘窗】，如图 11.14 所示。

这时，弹出"选择参数化图形"对话框，选"矩形飘窗"图形，并根据图纸信息，对飘窗参数进行调整，如图 11.15 所示。

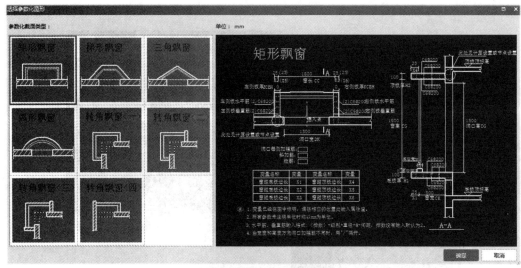

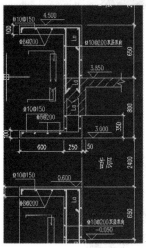

图 11.15　编辑参数化飘窗

　　③ 修改"属性列表"，飘窗"离地高度"为 650mm，如图 11.16 所示。

　　④ 绘制飘窗。选择【精确布置】→捕捉与②号轴线交点→输入"1500"→回车，完成飘窗的布置，见图 11.17。

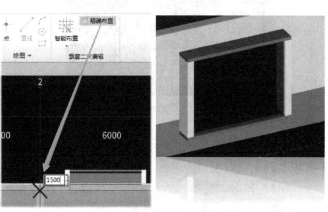

图 11.16　飘窗属性编辑　　　　　　　　　图 11.17　"精确布置"绘制飘窗

学习任务 11.3　定义及绘制过梁

 学习任务描述

定义案例工程中首层砌体墙上过梁 GL-1、GL-2、GL-3 的属性信息；

绘制案例工程中首层砌体墙上的过梁 GL-1、GL-2、GL-3 图元

 学习任务实施

完成门窗的建模及算量后，要在门窗洞口的上方布置过梁。过梁建模及算量操作步骤如下：

在导航树中单击【门窗洞】→【过梁】→【新建】→【新建矩形过梁】→根据图纸修改过梁属性→绘制过梁图元。

11.3.1　定义案例工程中首层砌体墙上过梁GL-1、GL-2、GL-3的属性信息

结施中说明"门窗洞口上应按图集 12G07 设置过梁。当图集无过梁做法时，过梁可按图四施工"，根据图 11.18 可知，本项目过梁区分洞口宽度，其截面高度和配筋也不相同。

① 在导航树中，单击【门窗洞】→【过梁】，在构件列表中单击【新建】→【新建矩形过梁】。图纸中有三种形式的过梁，因此，需新建 3 个过梁构件。

② 修改"属性列表"，按照图纸信息修改过梁属性信息，如图 11.19 所示。注意：案例工程图纸规定，过梁两端深入墙内的长度均为 240mm。如果图纸中未说明，各边深入长度可取 250mm。

图 11.18　过梁图纸信息

图 11.19　过梁属性编辑

11.3.2 绘制案例工程中首层砌体墙上的过梁GL-1、GL-2、GL-3图元

过梁的布置方法有三种，一种是"点"布置，另一种是"智能布置"，还有一种是"生成过梁"。当过梁数量、规格比较多时，利用"点"绘图速度较慢，不推荐。这里重点介绍"智能布置"和"生成过梁"这两种方法。

（1）方法一　智能布置

选择"GL-1"→【智能布置】→"按门窗洞口宽度布置过梁"→"布置条件"为 0～900mm→点击【确定】，即完成 GL-1 的图元绘制，如图 11.20 所示。

选择"GL-2"→【智能布置】→"按门窗洞口宽度布置过梁"→"布置条件"为 901～1500mm→点击【确定】，即完成 GL-2 的图元绘制，如图 11.21 所示。

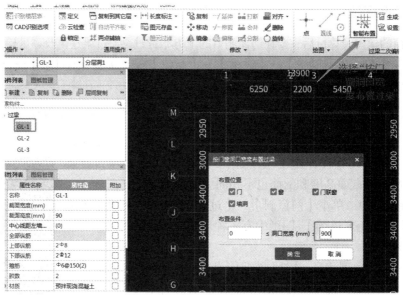

图 11.20　GL-1 布置条件

11.3　过梁绘制

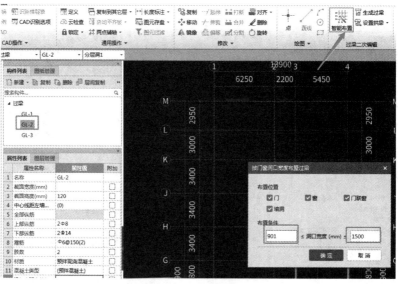

图 11.21　GL-2 布置条件

选择"GL-3"→【智能布置】→"按门窗洞口宽度布置过梁"→"布置条件"为
1501～2500mm→点击【确定】，即完成 GL-3 的图元绘制，如图 11.22 所示。

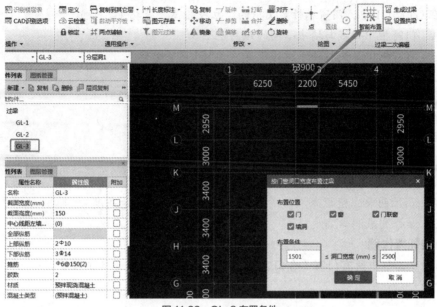

图 11.22　GL-3 布置条件

（2）方法二　生成过梁

使用"生成过梁"命令，可以不必新建过梁构件。单击【生成过梁】，弹出对话框，按
图 11.23 所示，把布置位置勾选，填写过梁布置条件，选择"首层（当前楼层）"，即可一次
性完成过梁布置。

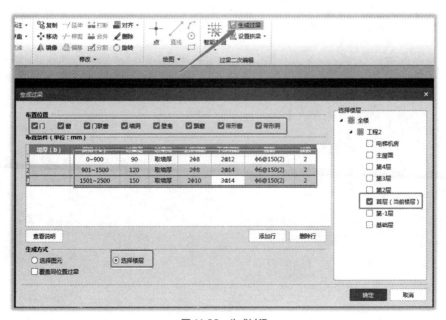

图 11.23　生成过梁

📖 **能力训练题**

一、选择题

1. 在 GTJ2021 中,门窗属性定义中的"立樘距离"是指(　　　)。
   A. 门窗框中心线与墙中心间的距离
   B. 门窗框中心线与轴线间的距离
   C. 门窗框外边线与墙中心线间的距离
   D. 门窗框外边线与轴线间的距离

2. 当门窗位于墙段中点,利用哪种方法布置更便捷?(　　　)
   A. 点绘制　　　　　　　　　　B. 精确布置
   C. 智能布置　　　　　　　　　D. 直线绘制

3. 当窗台高度为 700mm 时,从哪里设定窗台高度?(　　　)
   A. 属性列表立樘距离　　　　　B. 属性列表离地高度
   C. 属性列表洞口高度　　　　　D. 立樘位置

二、技能操作题

绘制图纸工程中所有门窗(含门窗上的过梁)构件,并计算其工程量。

素质目标

- 具有认真严谨的工作态度，图纸中的项目，要认真反复清查，不得漏项、余项或重复计算；
- 具有规则意识，按照工程项目要求的清单和定额规则进行算量；
- 践行工匠精神，对算量任务要具备精雕细琢、精益求精的精神理念

知识目标

- 掌握装修构件属性定义；
- 掌握房间添加依附构件的方法；
- 掌握外墙保温的属性定义和绘制方法

技能目标

- 能够根据图纸准确定义装饰构件；
- 能够通过给房间添加依附构件布置装修；
- 能够根据图纸信息创建外墙保温

任务说明

　　根据本案例工程图纸，完成图纸首层 A′ 客房及卫生间楼地面、踢脚、墙面、顶棚、吊顶等装饰构件的定义。建立图纸首层 A′ 客房的房间单元，添加依附构件并绘制。完成外墙保温层计算。

学习任务 12.1　定义及绘制装修构件

学习任务描述

　　定义案例工程中卫生间楼地面 DM-3 的属性信息；
　　定义案例工程中客房踢脚的属性信息；
　　定义案例工程中客房和卫生间"内墙 4"和"内墙 6"内墙装饰的属性信息；

定义案例工程中客房和卫生间"吊顶5"和"吊顶15"的属性信息

 学习任务实施

分析案例工程图纸中的建施-3工程做法。按装饰做法划分，首层有三种类型的房间：类别①包括门厅、客房、门市、营业厅、会议室、站长室、财务室、走廊等房间；类别②包括卫生间；类别③包括楼梯间、水箱间。装饰做法有内墙4、内墙6、踢脚3、吊顶5、吊顶15、楼地面②、③、④等。具体做法参照图12.1、图12.2。

室内装修做法明细表

编号	房间名称	内墙面	踢脚或墙裙	顶棚	备注
①	门厅、客房门市、营业厅会议室、站长室财务室、走廊地下室、储藏室	12J1-内墙4石膏抹灰砂浆墙面12J1-涂304	12J1-踢3-B面砖踢脚	12J1-棚5装饰石膏板吊顶	内墙面应选用经过技术鉴定的混凝土界面处理剂
②	卫生间	12J1-内墙6-BF釉面砖墙面		12J1-棚15铝合金方形板吊顶	地砖的品种、颜色由甲方自定走廊吊顶高度在梁下250mm
③	楼梯间水箱间	12J1-内墙4石膏抹灰砂浆墙面12J1-涂304	12J1-踢3-B面砖踢脚	12J1-顶2 12J1-涂304	

图12.1 室内装修做法明细表

楼地面

② 用于：门厅、客房门市、营业厅会议室、站长室财务室、走廊
1. （略）
2. 20厚1:3干硬性水泥砂浆结合层
3. 素水泥浆结合层一道
4. 50厚C15焦渣混凝土（上下配Φ3双向@50钢丝网片中间散敷热管）
5. 0.2厚真空镀铝聚酯薄膜
6. 20厚挤塑聚苯乙烯泡沫塑料板（密度35Kg/m²）
7. 1.5厚合成高分子防水涂料防潮层
8. 素水泥浆一道
9. 现浇钢筋混凝土楼板表面清理平整干净。
100厚/310厚

③ 用于：卫生间
1. 10厚防滑地砖铺实拍平，水泥砂浆擦缝
2. 20厚1:3干硬性水泥砂浆结合层
3. 1.5厚合成高分子防水涂料
4. 50厚C15焦渣混凝土（上下配Φ3双向@50钢丝网片，中间敷设热管）找坡1%
5. 0.2厚真空镀铝聚酯薄膜
6. 20厚挤塑聚苯乙烯泡沫塑料板
7. 1.5厚合成高分子防水涂料防潮层四周翻起150高
8. 20厚1:3水泥砂浆找平层
9. 素水泥浆一道
10. 现浇钢筋混凝土楼板表面清理平整干净。
（120厚）

④ 用于：配电间控制室
1. 10厚地砖铺实拍平，水泥砂浆擦缝
2. 20厚1:3干硬性水泥砂浆结合层
3. 素水泥浆结合层一道
4. 50厚C15焦渣混凝土（上下配Φ3双向@50钢丝网片）
5. 20厚挤塑聚苯乙烯泡沫塑料板（密度35Kg/m²）
6. 1.5厚合成高分子防水涂料防潮层
（100厚）

图12.2 楼地面构造

12.1.1 定义案例工程中卫生间楼地面DM-3的属性信息

① 在导航树中，单击【装修】→【楼地面】，在构件列表中单击【新建】→【新建楼地面】，如图12.3所示。

② 根据图12.2，客房使用"楼地面②"，卫生间使用"楼地面③"。新建两个楼地面，修改"属性列表"，按照图纸信息输入楼地面属性信息。

根据《全国统一建筑装饰装修工程消耗量定额 河北省消耗量定额》（2012）中楼地面的计算规则，块料面层按设计图示尺寸以净面积计算，见图12.4。因此属性列表中的"块料厚度"均取"0"。

由于卫生间等有水的房间地面需计算防水，DM-3是卫生间楼地面，"是否计算防水"

填"是"。根据图纸建筑设计说明 8.4 项，卫生间楼地面低于相邻楼地面 20mm，见图 12.5。DM-3"顶标高"改为"层底标高 -0.02"。具体属性设置见图 12.6。

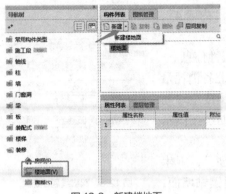

图 12.3　新建楼地面

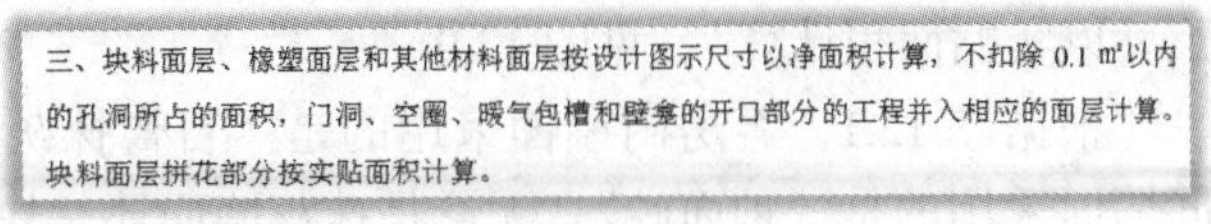

三、块料面层、橡塑面层和其他材料面层按设计图示尺寸以净面积计算，不扣除 0.1 ㎡以内的孔洞所占的面积，门洞、空圈、暖气包槽和壁龛的开口部分的工程并入相应的面层计算。块料面层拼花部分按实贴面积计算。

图 12.4　块料面层楼地面定额计算规则

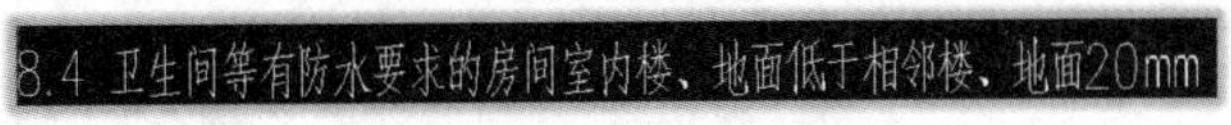

8.4 卫生间等有防水要求的房间室内楼、地面低于相邻楼、地面20mm

图 12.5　卫生间地面图纸说明

12.1　楼地面装修绘制

图 12.6　楼地面属性编辑

12.1.2　定义案例工程中客房踢脚的属性信息

① 在导航树中，单击【装修】→【踢脚】，在构件列表中单击【新建】→【新建踢脚】。根据图 12.1，采用"踢 3-B 面砖踢脚"，新建"TIJ-3"，卫生间没有踢脚。

② 修改"属性列表"，按照图纸信息输入踢脚线属性信息。

根据《全国统一建筑装饰装修工程消耗量定额　河北省消耗量定额》（2012）中踢脚线的计算规则"踢脚线按实贴面积计算"，见图 12.7。本图中没规定踢脚线的高度，假设踢脚线高度为 150mm，将属性列表中"高度"设置为"150"，"块料厚度"设置为"0"，见图 12.8。

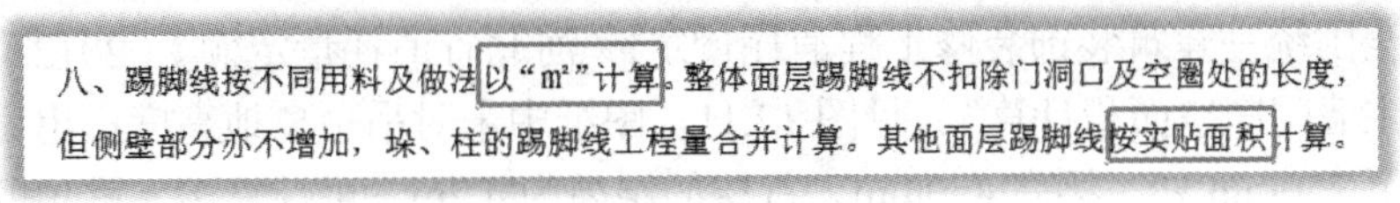

八、踢脚线按不同用料及做法以"㎡"计算，整体面层踢脚线不扣除门洞口及空圈处的长度，但侧壁部分亦不增加，垛、柱的踢脚线工程量合并计算。其他面层踢脚线按实贴面积计算。

图 12.7　踢脚线定额计算规则

12.1.3 定义案例工程中客房和卫生间"内墙4"和"内墙6"内墙装饰的属性信息

① 在导航树中，单击【装修】→【墙面】，在构件列表中单击【新建】→【新建内墙面】。根据图 12.1，客房采用"内墙 4"，卫生间采用"内墙 6"，新建"内墙 4""内墙 6"。

② 修改"属性列表"，按照图纸信息输入内墙面属性信息。

根据《全国统一建筑装饰装修工程消耗量定额 河北省消耗量定额》（2012）中内墙面的计算规则"内墙面抹灰面积按主墙间的图示净长尺寸乘以内墙抹灰高度计算""粘贴块料面层按图示尺寸以实贴面积计算"，见图 12.9。

根据图 12.1，客房内墙面采用的是"石膏抹灰砂浆"，卫生间墙面采用的是"釉面砖"。无论是抹灰墙面还是块料镶贴墙面，其工程量均计算面积。因此，"内墙 4"和"内墙 6"属性列表中"块料厚度"均设置为"0"，见图 12.10。

图 12.8 踢脚线属性定义

12.2 内墙面装修绘制

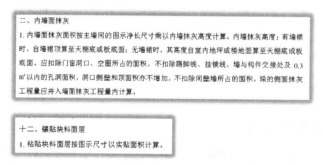

图 12.9 内墙面装饰定额计算规则

图 12.10 内墙面属性定义

12.1.4 定义案例工程中客房和卫生间"吊顶5"和"吊顶15"的属性信息

① 在导航树中，单击【装修】→【吊顶】，在构件列表中单击【新建】→【新建吊顶】。根据图 12.1，客房和卫生间分别采用吊顶 5 和吊顶 15，新建"DD-5""DD-15"。

② 修改"属性列表"，输入吊顶属性信息。

根据《全国统一建筑装饰装修工程消耗量定额 河北省消耗量定额》（2012）中吊顶的计算规则"按主墙间净空面积计算"，见图 12.11。图纸中未对吊顶离地高度作出说明，假设吊顶高度在梁下 250mm 处，梁高 450mm，首层的层高为 4.2m，可计算出，吊顶的离地高度均为 3500mm，其属性设置见图 12.12。

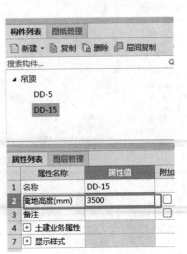

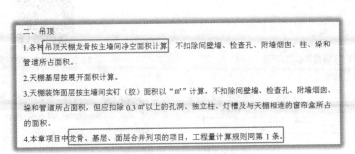

图 12.11 吊顶工程量定额计算规则

图 12.12 吊顶属性定义

学习任务 12.2　在房间中添加装修构件

 学习任务描述

定义案例工程中房间"客房 A′"和"卫生间"的属性信息；

通过"添加依附构件"，建立"客房 A′"和"卫生间"的装修构件；

布置案例工程中的各房间装修

 学习任务实施

12.2.1　定义案例工程中房间"客房A′"和"卫生间"的属性信息

在导航树中，单击【装修】→【房间】，在构件列表中单击【新建】→【新建房间】。根据图 12.1，新建"客房 A′"和"卫生间"。

12.2.2　通过"添加依附构件"，建立"客房A′"和"卫生间"的装修构件

左键双击房间构件【客房 A′】→"构件类型"选择"楼地面"→点击【添加依附构件】→"构件名称"选择"DM-2"，将客房的楼地面进行了添加，见图 12.13。

按照上述方法，依次添加客房和卫生间的楼地面、踢脚、墙面、吊顶等依附构件。见图 12.14、图 12.15。

图 12.13　客房添加楼地面

12.3　房间布置装修

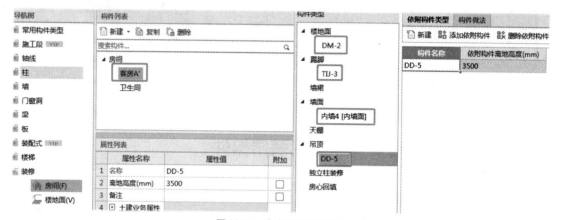

图 12.14　客房添加依附构件

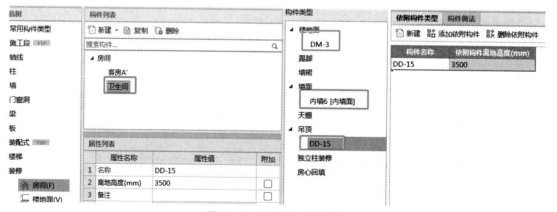

图 12.15　卫生间添加依附构件

12.2.3　布置案例工程中的各房间装修

"点"绘制房间。按照建筑施工图中的首层平面图，选择软件中创建好的房屋构件，在需要布置装修的房间处单击，就可将房间中的装修自动布置上去。特别应注意的是，绘制房间前，要确定房间是闭合的，如果房间有开口，要在开口处补画一道虚墙，虚墙不计入墙体工程量，见图 12.16。绘制好的房间，切换到三维查看效果，见图 12.17。

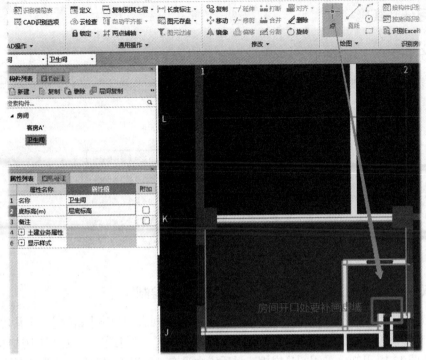

图 12.16 "点"布置房间

图 12.17 房间装修三维效果

学习任务 12.3 定义及绘制外墙面保温

 学习任务描述

分析案例工程中的外墙保温信息；
对外墙面保温"BWC-1"进行属性定义及绘制

 **学习任务实施**

12.3.1 分析案例工程中的外墙保温信息

分析案例工程图纸中的建筑施工图设计说明"10. 节能设计"可知，外墙外侧做80mm厚的保温层，见图12.18。

外墙	东	250mm加气混凝土砌块+80mm厚防火岩棉保温板
（包括非玻璃幕墙）	南	250mm加气混凝土砌块+80mm厚防火岩棉保温板
	西	250mm加气混凝土砌块+80mm厚防火岩棉保温板
	北	250mm加气混凝土砌块+80mm厚防火岩棉保温板

图12.18 外墙保温设置图纸说明

12.3.2 对外墙面保温"BWC-1"进行属性定义及绘制

① 在导航树中，单击【其它】→【保温层】，在构件列表中单击【新建】→【新建保温层】。

② 修改"属性列表"，见图12.19。"厚度"输入"80"，"材质"下拉菜单中选择相应的保温材料，由图12.18可知，采用的是岩棉，材质库中没有，可以不用调整，套做法时再设置。

思考：外墙保温层是否影响建筑面积？

③ 选择【智能布置】→【外墙外边线】→弹出对话框，选择"首层（当前楼层）"，点击【确定】。完成对首层外墙保温层的布置。可切换到三维查看布置效果，见图12.20。

12.4 外墙保温绘制

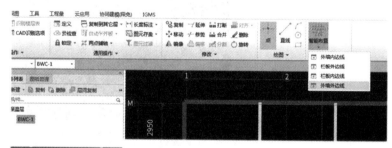

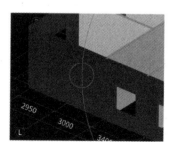

图12.19 修改属性列表

图12.20 智能布置外墙保温

📖 能力训练题

一、选择题

1. 定义房间属性的时候，"吊顶高度"指（　　　）。【单选题】

   A. 楼地面到吊顶底部的距离　　　　B. 楼地面到屋面板底的距离

   C. 楼地面到吊顶顶部的距离　　　　D. 楼地面到屋面板顶的距离

2. 对于软件计算的外墙面抹灰面积，下列说法正确的是（　　　）。【多选题】

   A. 扣减门窗洞口面积，但不增加门窗侧壁面积

   B. 增加突出墙面柱和垛侧壁的面积

   C. 扣除飘窗贴墙面积，并扣底板和顶板贴墙面积

   D. 其高度从正负零开始计算，不包括室内外高差部分

二、问答题

1. 楼地面构件绘图时布置不上，可能是什么原因？

2. 顶棚构件绘图时布置不上，可能是什么原因？

三、技能操作题

完成图纸工程中所有装饰装修工程的绘制及工程量计算。

素质目标

- 具有认真严谨的工作态度，严格按照图纸进行其他构件的属性定义和模型构建；
- 具有规则意识，按照工程项目要求的清单和定额规则进行其他构件算量；
- 具有良好的沟通能力，能在对量过程中以理服人

知识目标

- 掌握其他构件属性定义；
- 掌握建筑面积、平整场地、雨篷、栏板、屋面、台阶、散水、栏杆及楼梯等的绘制方法；
- 掌握女儿墙的定义方法和常用的绘制方法；
- 掌握台阶中设置台阶踏步边和屋面设置卷边高度等命令的使用方法

技能目标

- 能够根据图纸确定其他构件；
- 学会绘制其他构件的方法；
- 能够根据基础图纸信息准确完整地输入其他构件的属性信息；
- 能够对其他构件进行二次编辑操作

任务说明

　　完成案例工程中首层建筑面积、平整场地、雨篷、栏板、屋面、台阶、散水、栏杆和楼梯的属性定义及图元绘制。

学习任务 13.1　定义及绘制建筑面积

学习任务描述

定义案例工程中首层建筑面积的属性信息；
绘制案例工程中首层的建筑面积

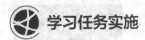

学习任务实施

13.1.1 定义案例工程中首层建筑面积的属性信息

在导航树中，单击【其它】→【建筑面积】，在构件列表中单击【新建】→【新建建筑面积】，如图 13.1。

以首层建筑面积为例，修改"属性列表"，按照图纸信息输入建筑面积属性信息，如图 13.2 所示。

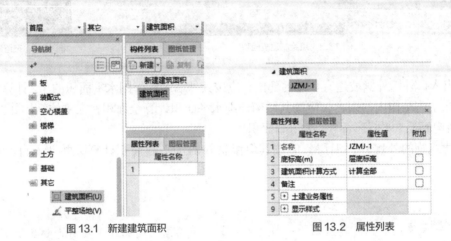

图 13.1　新建建筑面积　　　　　　　　图 13.2　属性列表

① 名称：由于工程图纸中没有名称，按照软件默认的即可。

② 底标高：按照软件默认即可。

③ 建筑面积计算方式：有三种，计算全部、计算一半和不计算。

注意

根据《建筑工程建筑面积计算规范》可知，建筑物的建筑面积应按自然层外墙结构外围水平面积之和计算。结构层高在 2.20m 及以上的，应计算全面积；结构层高在 2.20m 以下的，应计算 1/2 面积。根据图纸分析，首层建筑面积选择计算全部。

13.1.2 绘制案例工程中首层的建筑面积

建筑面积属于面式构件，因此可以直线绘制也可以点绘制，还可以矩形绘制。

（1）点式绘制　点式绘制时，软件自动搜寻建筑物的外墙外边线，如果能找到外墙外边线形成的封闭区域，则在这个区域内自动生成"建筑面积"。

（2）直线绘制、矩形绘制　如果软件找不到外墙外边线围成的封闭区域，则给出错误提示，那么可以使用直线绘制或者矩形绘制选择外墙外边线的封闭空间即可。

本工程已经自动校验过外墙外边线，所以这里采用点式画法。操作步骤为：选择"建模"界面→"绘图"工具栏选择"点"→鼠标左键单击首层外墙外边线封闭区域中的任意位置，建筑面积绘制完成，如图 13.3 和图 13.4 所示。

① 地下室、半地下室应按其结构外围水平面积计算。结构层高在 2.20m 及以上的，应计算全面积；结构层高在 2.20m 以下的，应计算 1/2 面积。

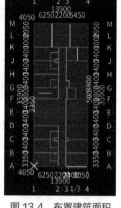

图 13.3 点绘制建筑面积　　　　　　　　　　　　图 13.4 布置建筑面积

② 出入口外墙外侧坡道有顶盖的部位，应按其外墙结构外围水平面积的 1/2 计算面积。

③ 在主体结构内的阳台，应按其结构外围水平面积计算全面积；在主体结构外的阳台，应按其结构底板水平投影面积计算 1/2 面积。

④ 建筑物的外墙外保温层，应按其保温材料的水平截面积计算，并计入自然层建筑面积。

注意

当某一层建筑面积计算规则不一样时，有几个区域就要建立几个建筑面积属性，利用虚墙的方法分别进行绘制。

学习任务 13.2　定义及绘制平整场地

 任务描述

定义案例工程中平整场地的属性信息；
绘制案例工程中的平整场地

 任务实施

13.2.1　定义案例工程中平整场地的属性信息

在导航树中，单击【其它】→【平整场地】，在构件列表中单击【新建】→【新建平整场地】，如图 13.5 所示。

修改"属性列表"，按照图纸信息输入平整场地属性信息，如图 13.6 所示。

① 名称：由于工程图纸中没有名称，按照软件默认的即可。

② 场平方式：按照施工方案进行选择，本工程使用人工。

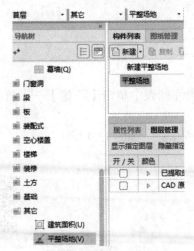

图 13.5　新建平整场地

13.1　建筑面积与平整场地工程量计算

图 13.6　属性列表

13.2.2　绘制案例工程中的平整场地

平整场地属于面式构件，因此可以直线绘制也可以点绘制，还可以采用智能布置。这里采用智能布置法，点击【智能布置】，选"外墙轴线"即可，如图 13.7 所示。

图 13.7　智能布置

注意

值得注意的是，当在图形中选择"建筑面积"时，它是延伸到外墙外边线的，而当选择"平整场地"构件时，它是延伸到外墙轴线的。所以，采用智能布置时不要忘记将平整场地的边延伸到外墙外边线。

学习任务 13.3　定义及绘制雨篷、栏板和屋面

 任务描述

定义案例工程中雨篷的属性信息；
绘制案例工程中的雨篷；
定义案例工程中栏板的属性信息；
绘制案例工程中的栏板；
定义案例工程中屋面的属性信息；
绘制案例工程中的屋面

 **任务实施**

13.3.1 定义案例工程中雨篷的属性信息

在导航树中，单击【其它】→【雨篷】，在构件列表中单击【新建】→【新建雨篷】，如图 13.8 所示。以首层①轴左侧雨篷板为例。

修改"属性列表"，按照图纸信息输入雨篷属性信息，如图 13.9 所示。

图 13.8　新建雨篷

图 13.9　属性列表

13.2　阳台雨篷栏板绘制

① 名称：按照软件默认的即可。
② 板厚：按照图纸"标高 4.10 楼板平法施工图"分析，板厚为 100mm。
③ 顶标高：按照图纸"标高 4.10 楼板平法施工图"分析，顶标高为层顶标高。

13.3.2 绘制案例工程中的雨篷

雨篷属于面式构件，因此可以使用点绘制、直线绘制和矩形绘制，由于雨篷板外边缘没有封闭，因此不能采用点绘制，本工程采用直线绘制。操作步骤如下：

采用平行辅轴，以①轴为基线，向左偏移 4750mm，生成第一条辅轴；然后以ⓔ轴为基线，分别向上和向下偏移 4175mm，生成第二条和第三条辅助轴线，如图 13.10 所示；在"导航树"中选择"辅助轴线"，在"辅助轴线"模块下，采用"延伸"命令，让这三条辅助轴线相交，如图 13.11 所示。

图 13.10　"偏移距离"输入窗口

图 13.11　布置辅助轴线

绘制完成的三条辅轴和①轴形成的区域就是雨篷所在的位置，回到雨篷建模界面，采用矩形布置，任意点击选择一个封闭区域的一个顶点，然后点击连接对角线的另一个顶点，右键确定，绘制完成，如图 13.12～图 13.14 所示。

图 13.12 矩形布置

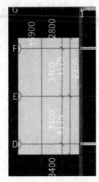

图 13.13 布置雨篷

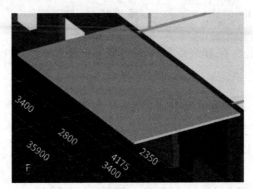

图 13.14 三维效果

注意

需要注意的是，这里绘制的雨篷是没有钢筋工程量的，雨篷的钢筋工程量需要在工程量中的表格输入里面完成，输入方法和前面章节中的楼梯的输入方法是一致的，这里不再介绍。

13.3.3 定义案例工程中栏板的属性信息

在导航树中，单击【其它】→【栏板】，在构件列表中单击【新建】→【新建矩形栏板】如图 13.15 和图 13.16 所示。

以首层①轴左侧雨篷板上栏板为例，修改"属性列表"，按照图纸信息输入栏板属性信息，如图 13.17 所示。

① 名称：软件默认生成 LB-1、LB-2，因为工程中的栏板比较多，为了区分栏板的位置，因此本案例采用 LB-YP 表示雨篷栏板。

② 截面宽度：按照图纸"标高 4.10 楼板平法施工图"分析，为 150mm。

③ 截面高度：按照图纸"标高 4.10 楼板平法施工图"分析，为 700mm。

④ 水平钢筋：按图纸信息双排布置，且均为 $\Phi8@200$，软件中的（2）表示双排钢筋布置，因此属性对应栏输入（2）$\Phi8@200$ 即可。

⑤ 垂直钢筋：按图纸信息双排布置，且均为 $\Phi8@150$，软件中的（2）表示双排钢筋布置，因此属性对应栏输入（2）$\Phi8@150$ 即可。

⑥ 拉筋：按照图纸分析，栏板无拉筋，此处不输入任何信息。

⑦ 材质和混凝土类型：本工程使用预拌混凝土。

图 13.15　导航树

图 13.16　新建矩形栏板

图 13.17　属性列表

⑧ 起点底标高和终点底标高：按照图纸分析，栏板底标高为雨篷板的顶标高，因此选择层顶标高。

13.3.4　绘制案例工程中的栏板

栏板属于线式构件，一般采用直线绘制。

① 操作步骤：在栏板"建模"界面→选择构件列表中对应的栏板→"绘图"工具栏中选择"直线"→鼠标左键单击雨篷板的任意一个顶点，顺时针或者逆时针选择雨篷板所有的顶点，直至回到起点，右键确定，如果 13.18 所示。

② 此时栏板的位置和工程图纸有偏差，使用"偏移"功能进行调整，操作步骤如下：

选中刚刚绘制好的所有栏板→右键选择"偏移"或者在工具栏中选择"偏移"→鼠标向内拖动，在输入窗口中输入 225mm，回车绘制完成，如图 13.19 所示。

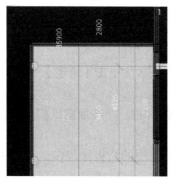

图 13.18　布置栏板

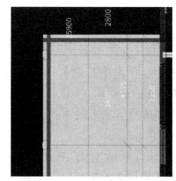

图 13.19　偏移栏板

③ 对栏板顶点多余部分进行修改，采用"移动"功能即可，如图 13.20 和图 13.21 所示。

13.3.5　定义案例工程中屋面的属性信息

在导航树中，单击【其它】→【屋面】，在构件列表中单击【新建】→【新建屋面】。以三层标高 10.1m 处②轴左侧和Ⓐ～Ⓕ轴之间屋面为例。

修改"属性列表"，按照"工程做法，门窗表，门窗大样"图纸中屋面信息图 13.22 输入属性列表，如图 13.23 所示。

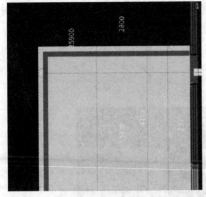

图 13.20 修改栏板

图 13.21 三维效果

类型	编号	使用部位	构　造　说　明
屋面	①	用于：屋面一 结构标高： 10.10m 13.20m 16.10m 17.20m	1. 20 厚1:3 水泥砂浆保护层 2. 2 厚石油沥青卷材隔离层 3. 4 厚高聚物改性沥青防水卷材一道 4. 30 厚 C20 细石混凝土找平层 5. 70 厚防水岩棉保温层 6. 20 厚1:2.5 水泥砂浆找平层 7. 1:8 水泥槽水型膨胀珍珠岩找 2%坡，最薄处 30 厚 8. 钢筋混凝土屋面板

图 13.22 屋面属性

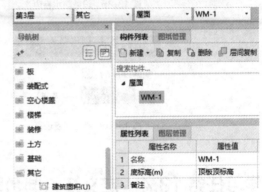

图 13.23 新建屋面

13.3.6 绘制案例工程中的屋面

屋面属于面式构件，可以使用点绘制、直线绘制和矩形绘制。由于本工程三层是局部位置设置屋面，因此采用直线绘制或者矩形绘制更为合适，本案例采用直线绘制。

① 操作步骤：在屋面"建模"界面→选择构件列表中对应的屋面→"绘图"工具栏中选择"直线"→鼠标左键单击②轴左侧和Ⓐ～Ⓕ轴屋面板的任意一个顶点，顺时针或者逆时针选择区域内屋面板所有的顶点，直至回到起点，右键【确定】，如图 13.24 所示。

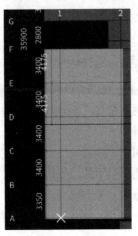

图 13.24 布置屋面

13.3 屋面的定义与绘制

② 如果需要设置屋面防水卷边，操作步骤为：在屋面"建模"界面→屋面二次编辑中选择"设置防水卷边"（图 13.25）→鼠标左键选中刚刚布置好的屋面→右键【确定】，弹出"设置防水卷边"窗口（图 13.26）→"卷边高度"处输入工程中要求的高度，本案例输入250mm，【确定】即可，如图 13.27 所示。

图 13.25　设置防水卷边

图 13.26　卷边高度设置

图 13.27　防水卷边

学习任务 13.4　定义及绘制台阶

 学习任务描述

定义案例工程中首层台阶的属性信息；
绘制案例工程中首层的台阶

 学习任务实施

13.4.1　定义案例工程中首层台阶的属性信息

在导航树中，单击【其它】→【台阶】，在构件列表中单击【新建】→【新建台阶】，修改台阶"属性列表"，按照"首层平面图"图纸中台阶信息输入属性列表，如图 13.28 所示。以首层①轴左侧大门口外台阶为例。

① 名称：按照软件默认的即可。

② 台阶高度：按照图纸"首层平面图"分析，高度为台阶顶部标高 -0.015m 减去室外地坪标高 -1.1m，总高度为 1085mm。

③ 顶标高：按照图纸"首层平面图"分析，顶标高为 -0.015m。

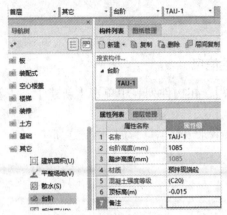

图 13.28 新建台阶

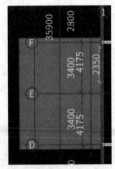

图 13.29 布置台阶

13.4.2 绘制案例工程中首层的台阶

台阶属于面式构件，可以使用点绘制、直线绘制和矩形画法。

台阶定义完毕后，回到建模界面进行绘制。本案例选用矩形画法，根据图纸点击相关轴线交点，使用"Shift 键 + 鼠标左键"输入偏移值，确定后完成台阶绘制，如图 13.29 所示；此时台阶是没有踏步的，再点击"台阶二次编辑"中的"设置踏步边"，选中刚刚布置好的台阶最左侧边界线，弹出"设置踏步边"窗口，根据图纸分析，台阶一共宽度为 2100mm，有 7 个踏步，因此踏步个数输入"7"，踏步宽度输入"300"，【确定】即可，如图 13.30 和图 13.31 所示。

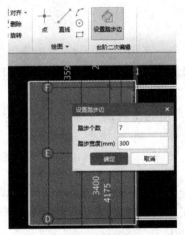

图 13.30 设置踏步边

图 13.31 三维效果

13.4 台阶的定义与绘制

学习任务 13.5 定义及绘制散水

 学习任务描述

定义案例工程中首层散水的属性信息；

绘制案例工程中首层的散水

学习任务实施

13.5.1 定义案例工程中首层散水的属性信息

在导航树中，单击【其它】→【散水】，在构件列表中单击【新建】→【新建散水】，如图 13.32。以"首层平面图"散水为例。

修改"属性列表"，按照图纸信息输入散水属性信息，如图 13.33 所示。

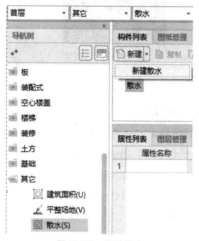

图 13.32 新建散水

图 13.33 属性列表

13.5 散水的定义和绘制

① 名称：按照软件默认的即可。

② 厚度：由于散水工程量计算的是面积，所以和厚度没有关系，此处不用调整，按照软件默认即可。

③ 底标高：按照图纸"首层平面图"分析，散水底标高应为室外地坪标高，此处为 $-1.1m$。

13.5.2 绘制案例工程中首层的散水

散水属于面式构件，可以采用点绘制、直线绘制、矩形绘制和智能绘制。

散水定义完毕后，回到"建模"界面进行绘制。本案例采用智能布置法，即先将外墙进行延伸或收缩处理，让外墙与外墙形成封闭区域，操作步骤如下：

在散水"建模"界面→选择构件列表中对应的散水→散水二次编辑中选择"智能布置"（图 13.34）→鼠标左键拉框选中Ⓐ～Ⓜ轴和①～④轴之间的外墙→右键确认，弹出"设置散水宽度"窗口→窗口中输入 900，如图 13.35，【确定】即可，绘制完成，如图 13.36 所示。

图 13.34 智能布置

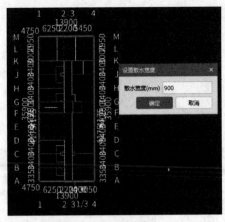

图 13.35　设置散水宽度

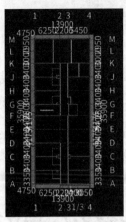

图 13.36　布置散水

注意

值得注意的是，对有台阶及坡道部分，可用分割的方式处理。如果不做分割，软件也会自动进行工程量的扣减。

学习任务 13.6　定义及绘制栏杆

 学习任务描述

定义案例工程中栏杆的属性信息；
绘制案例工程中栏杆

 学习任务实施

13.6.1　定义案例工程中栏杆的属性信息

在导航树中，单击【其它】→【栏杆扶手】，在构件列表中单击【新建】→【新建栏杆扶手】。以"首层平面图"①轴左侧台阶两边栏杆为例。

修改"属性列表"，按照图纸信息输入栏杆扶手属性信息，如图 13.37 所示。

① 名称：本工程多处位置有栏杆，使用"LGFS-TJ"表示台阶栏杆。

② 材质、类别、扶手截面形状、扶手半径、栏杆截面形状、栏杆半径：根据图纸设置。

③ 高度和间距：按照图纸进行设置。

图 13.37　新建栏杆

④ 起点底标高和终点底标高：起点和终点代表栏杆绘制的方向，因为栏杆位于台阶的顶面，因此标高设置为台阶顶标高。

⑤ 栏杆的工程量主要计算长度，对于高度和间距影响不大，除了标高信息需要进行调整，其他属性也可以按照软件默认。

13.6.2　绘制案例工程中栏杆

栏杆属于线式构件，可以采用点绘制、直线绘制和智能绘制。

本案例中采用直线绘制方法。根据"首层平面图"中台阶栏杆的位置采用直线的方法绘制完成即可。

学习任务 13.7　定义及绘制压顶

 学习任务描述

定义案例工程中压顶的属性信息；

绘制案例工程中压顶；

使用圈梁绘制压顶

 学习任务实施

13.7.1　定义案例工程中压顶的属性信息

在导航树中，单击【其它】→【压顶】，在构件列表中单击【新建】→【新建矩形压顶】，如图 13.38 所示。以主屋面女儿墙压顶为例。

修改"属性列表"，按照图纸"结构设计说明"输入压顶属性信息，要注意的是，其他构件中压顶的钢筋信息是需要在工程量"表格输入"里面完成的，或者也可以在属性列表中"钢筋业务属性"中的"其他钢筋"里面输入，与楼梯构件一致，这里不再介绍压顶钢筋工程量，如图 13.39 所示。

图 13.38　新建矩形压顶　　　　图 13.39　属性列表

结合图纸可知压顶截面尺寸为 120mm×200mm，混凝土强度等级图纸未做说明，按 C20 处理，因为压顶的位置是在女儿墙的墙顶，所以起点、终点顶标高设置为“墙顶标高”。

13.7.2 绘制案例工程中压顶

压顶定义完毕后，回到“建模”界面进行绘制，可利用“智能布置”中按“墙中心线”进行布置即可。

13.7.3 使用圈梁绘制压顶

压顶构件也可用圈梁构件来代替，可以直接解决有压顶钢筋工程量的输入问题，但要注意名称的定义和套用压顶的清单与定额项目。

在导航树中，单击【梁】→【圈梁】，在构件列表中单击【新建】→【新建矩形圈梁】，如图 13.40 所示。仍以主屋面女儿墙压顶为例。

修改“属性列表”，按照图纸“结构设计说明”输入压顶属性信息，要注意的是，这里可以直接输入压顶的钢筋信息，不用在表格输入里面重复输入，如图 13.41。

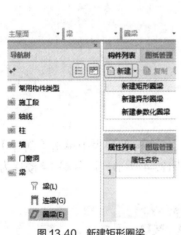

图 13.40 新建矩形圈梁

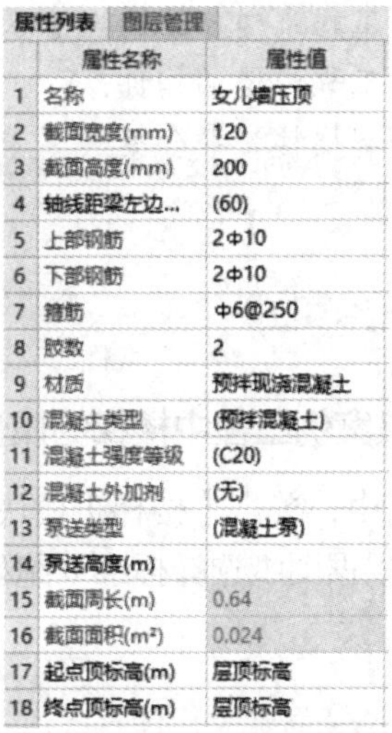

	属性名称	属性值
1	名称	女儿墙压顶
2	截面宽度(mm)	120
3	截面高度(mm)	200
4	轴线距梁左边...	(60)
5	上部钢筋	2Φ10
6	下部钢筋	2Φ10
7	箍筋	Φ6@250
8	胶数	2
9	材质	预拌现浇混凝土
10	混凝土类型	(预拌混凝土)
11	混凝土强度等级	(C20)
12	混凝土外加剂	(无)
13	泵送类型	(混凝土泵)
14	泵送高度(m)	
15	截面周长(m)	0.64
16	截面面积(m²)	0.024
17	起点顶标高(m)	层顶标高
18	终点顶标高(m)	层顶标高

图 13.41 属性列表

属性列表中名称采用汉字输入的方式，清楚明了，工程量更好提取，截面尺寸和信息按照图 13.42 填写即可。

9）女儿墙压顶及水平通窗窗台设圈梁，除注明外，断面120×墙厚，纵筋4Φ10，箍筋Φ6@250(2)。

图 13.42 女儿墙属性

压顶定义完毕后，回到“建模”界面进行绘制，可利用“智能布置”中按“墙中心线”进行布置即可，操作步骤为：

在圈梁的“建模”界面→圈梁二次编辑中的“智能布置”→墙中心线→鼠标左键选择所有的女儿墙→右键确认，绘制完成，如图 13.43。

图 13.43　智能布置压顶

学习任务 13.8　定义及绘制楼梯

 学习任务描述

定义案例工程中楼梯的属性信息；

绘制案例工程中楼梯构件；

定义和绘制梯柱、平台梁

 学习任务实施

13.8.1　定义案例工程中楼梯的属性信息

在导航树中，单击【楼梯】模块下→【楼梯】，在构件列表中单击【新建】→【新建参数化楼梯】，根据图纸选择标准双跑型楼梯，如图 13.44 所示。以首层 1# 楼梯为例。

图 13.44　新建参数化楼梯

修改"属性列表"中的"截面形状"，按照图纸"1# 楼梯结构图"输入楼梯属性信息，要注意的是，楼梯构件的钢筋信息是需要在工程量"表格输入"里面完成的，在任务14中有详细的介绍，此处不再介绍楼梯钢筋工程量，如图13.45所示，输入完成以后，单击【保存退出】即可。

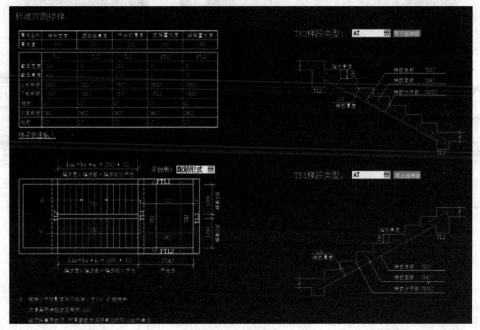

图13.45 截面形状

结合"1#楼梯结构图"图纸可知楼梯构件其他属性信息，混凝土强度等级C30，楼梯构件首层底标高为"层底标高"，如图13.46所示。

	属性名称	属性值	附加
1	名称	LT-1	
2	截面形状	标准双跑	☐
3	栏杆扶手设置	按默认	
4	建筑面积计算	不计算	☐
5	图元形状	直形	☐
6	混凝土强度等级	C30	☐
7	底标高(m)	层底标高	☐
8	备注		☐
9	⊞ 钢筋业务属性		
23	⊞ 土建业务属性		

图13.46 楼梯属性列表

13.6 定义和绘制楼梯

13.8.2 绘制案例工程中楼梯构件

楼梯构件定义完毕后，回到"建模"界面进行绘制，可利用"绘图"工具栏中按"点"方式和旋转、移动功能进行布置，需要注意的是，参数化楼梯中已经包含了平台梁和休息平台板，如果在框架梁和现浇板任务中已经布置了平台梁和休息平台板，则需要删除以后才可以绘制参数化楼梯，绘制完成的楼梯如图13.47和图13.48所示。

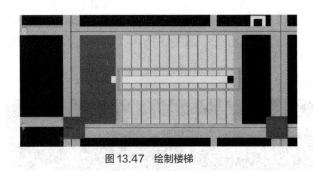

图 13.47　绘制楼梯

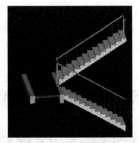

图 13.48　楼梯

13.8.3　定义和绘制梯柱、平台梁

根据图纸"1# 楼梯结构图"，参数化楼梯中不包括梯柱构件与平台板短跨两边的平台梁，由于梯柱的定义和绘制与框架柱是一致的，平台梁的定义和绘制与框架梁是一致的，因此这里不再赘述梯柱和平台梁的绘制方式，按照框架柱和框架梁的定义和绘制方式绘制梯柱和平台梁即可，以 TZ1 和 TQL1 为例，属性列表如图 13.49 和图 13.50 所示。

	属性名称	属性值
1	名称	TZ1
2	结构类别	梯柱
3	定额类别	普通柱
4	截面宽度(B边)(...	250
5	截面高度(H边)(...	200
6	全部纵筋	
7	角筋	4⌀14
8	B边一侧中部筋	1⌀14
9	H边一侧中部筋	
10	箍筋	Φ8@100(3'
11	节点区箍筋	
12	箍筋胶数	3*2
13	柱类型	(中柱)
14	材质	预拌现浇砼
15	混凝土类型	(预拌混凝...
16	混凝土强度等级	C30
17	混凝土外加剂	(无)
18	泵送类型	(混凝土泵)
19	泵送高度(m)	
20	截面面积(m²)	0.05
21	截面周长(m)	0.9
22	顶标高(m)	1.992
23	底标高(m)	层底标高

图 13.49　TZ1 属性列表

	属性名称	属性值
1	名称	TQL1
2	结构类别	楼层框架梁
3	跨数量	1
4	截面宽度(mm)	200
5	截面高度(mm)	350
6	轴线距梁左边...	(100)
7	箍筋	Φ8@100(2)
8	胶数	2
9	上部通长筋	2⌀14
10	下部通长筋	3⌀16
11	侧面构造或受...	
12	拉筋	
13	定额类别	普通梁
14	材质	预拌现浇混凝土
15	混凝土类型	(预拌混凝...
16	混凝土强度等级	C30
17	混凝土外加剂	(无)
18	泵送类型	(混凝土泵)
19	泵送高度(m)	
20	截面周长(m)	1.1
21	截面面积(m²)	0.07
22	起点顶标高(m)	1.992
23	终点顶标高(m)	1.992

图 13.50　TQL1 属性列表

 能力训练题

一、选择题

1. 计算建筑面积时，下列工程量清单计算规则描述不正确的是（　　　）。

　　A. 建筑物顶部有围护结构的楼梯间，层高不足 2.20m 的不计算

　　B. 建筑物大厅内层高不足 2.20m 的回廊，按其结构底板水平面积的 1/2 计算

　　C. 有永久性顶盖的室外楼梯，按自然层水平投影面积的 1/2 计算

　　D. 建筑物内的变形缝应按其自然层合并在建筑物面积内计算

2. 新版《建筑工程建筑面积计算规范》中，以下需要计算建筑面积的是（　　）。

    A. 建筑物内的变形缝   B. 建筑物内的设备管道夹层

    C. 建筑物内分隔的单层房间   D. 屋顶水箱

3. 单层建筑物高度在（　　）m 及以上者应计算全面积；高度不足（　　）m 者应计算 1/2 面积。

    A. 2.0   B. 2.1   C. 2.2   D. 2.3

4. 下面有关建筑面积在软件中处理说法不正确的是（　　）。

    A. 建筑面积的原始面积工程量是指绘制的原始多边形的面积，即画多大就大

    B. 建筑面积的面积工程量是指计算面积再扣减天井、加阳台楼梯等建筑面积；其中计算面积与构件属性中"建筑面积计算方式"关联

    C. 软件中阳台、雨篷、楼梯要计算的建筑面积，与构件属性中"建筑面积计算方式"关联，同时需要在阳台、雨篷、楼梯范围内绘制建筑面积

    D. 在新的建筑面积计算规范中，坡屋面净空超过 2.1 米的部位应计算全部面积，净空在 1.2m 至 2.1m 的部位应计算 1/2 面积，净空不足 1.2 米的部位不应计算面积，在软件中，顶层斜屋面的建筑面积可以按 2.1 米、1.2 米进行分段计算

二、技能操作题

绘制图纸工程中的散水、雨篷、台阶、楼梯、挑檐、屋面等构件，并计算其工程量。

任务14　表格输入

 素质目标

- 具有认真严谨的工作态度，严格按照图纸进行图形参数设置和模型创建；
- 具有规则意识，按照工程项目要求的清单和定额规则进行算量；
- 具备统筹规划、结合实际、灵活机动的能力，利用表格计算工程量时，如参数一致，可以通过修改构件数量或复制到其他楼层，一次建模，多次应用

 知识目标

- 掌握参数输入法计算钢筋工程量的方法；
- 掌握直接输入法计算钢筋工程量的方法

 技能目标

- 能够根据图纸，采用表格参数输入计算钢筋工程量；
- 能够根据图纸，采用表格直接输入计算钢筋工程量

任务说明

通过参数输入法计算 1# 楼梯间负一层楼梯钢筋工程量。通过表格直接输入法计算屋面板放射筋工程量。

学习任务 14.1　参数输入法计算楼梯钢筋工程量

任务描述

分析案例工程中结施 1# 楼梯间钢筋信息；

表格输入新建构件 "LT-1"；

修改图形显示中的楼梯参数

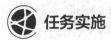 **任务实施**

14.1.1　分析案例工程中结施1# 楼梯间钢筋信息

　　楼梯构件的建立在这里不再赘述，前面章节中已经进行了讲解。GTJ2021 版楼梯构件包含钢筋信息，但 2021 年以前的版本都需要通过表格输入的形式进行楼梯钢筋的计算，这里以案例工程图纸中的 1# 楼梯间为例，介绍如何通过表格输入添加楼梯构件钢筋信息。

　　查看案例工程图纸结施 1# 楼梯间结构剖面图和平面图，了解楼梯的位置、类别、尺寸信息和钢筋信息，如图 14.1 所示。楼梯为 ATb 型，梯板厚 h =130mm，梯段高 1950mm，13 级踏步，踏步宽 280mm，梯段净宽 1100mm，TL 宽 250mm，梯板上部钢筋 Φ12@150（贯通），下部钢筋 Φ12@150，分布筋 ϕ8@200。

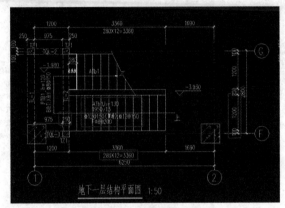

图 14.1　1# 楼梯间结构平面图

14.1　楼梯钢筋表格
输入

14.1.2　表格输入新建构件"LT-1"

　　切换到"基础层"，选择菜单栏"工程量"→"表格输入"，弹出对话框"表格输入"，如图 14.2 所示。

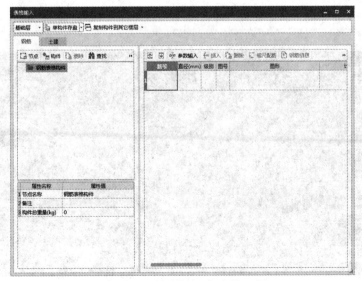

图 14.2　"表格输入"对话框

选择"钢筋"选项卡，鼠标单击【构件】，新建构件"LT-1"，如图14.3所示。

鼠标左键单击"参数输入"，出现"图集列表"，选择"11G101-2楼梯"→"ATb型楼梯"，如图14.4所示。

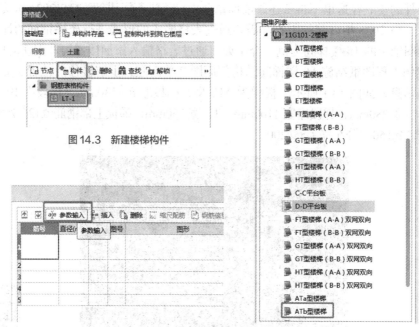

图14.3 新建楼梯构件

图14.4 选择图集

14.1.3 修改图形显示中的楼梯参数

根据楼梯结构图，修改"表格输入"→"图形显示"中的参数，最后点击右上角【计算保存】，如图14.5所示。楼梯钢筋汇总计算结果就在"图形显示"下方列表呈现出来了，见图14.6。

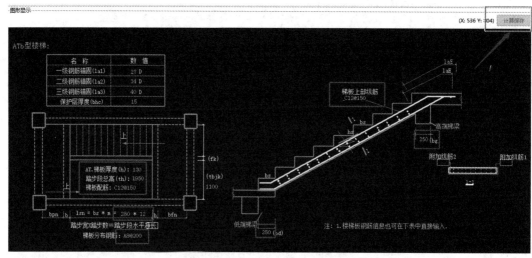

图14.5 修改"图形显示"中的参数

注意

参数设定完成后，一定要单击"计算保存"，否则，一旦切换构件或者关闭对话框，设定的参数都会丢失。

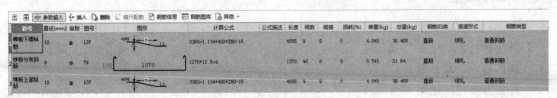

图 14.6 自动汇总计算结果

由于计算的只是一个梯段，而平行双跑楼梯是由两个梯段组成，因此将"构件数量"的属性值改为"2"，最后再单击【锁定】，这样创建好的构件就不能再进行编辑，见图 14.7。

图 14.7 修改梯段数量

楼梯构件除了楼梯梯段，还包括休息平台板、梯梁和梯柱。休息平台板可以用"现浇板"构件进行创建，梯梁和梯柱分别用"梁"和"构造柱"创建，在这里不再赘述。

学习任务 14.2 直接输入法计算放射筋工程量

 任务描述

对屋面板放射筋进行属性定义；
表格输入新建放射筋；
表格直接输入放射筋信息

 任务实施

14.2.1 对屋面板放射筋进行属性定义

放射筋一般布置在屋面板挑出部分的四个角处，呈放射状布置，所以叫作放射筋。放射筋常设置在挑檐板转角、外墙阳角、大跨度板的角部等处，这类地方容易产生应力集中，造成混凝土开裂，所以要加放射筋。根据构造要求，一般放射筋钢筋数量不应少于7Φ10，长度应该大于板跨的1/3，而且不应该小于2000mm。如图14.8所示。

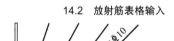

14.2 放射筋表格输入

图 14.8 放射筋图片

14.2.2 表格输入新建放射筋

① 菜单栏"工程量"→【表格输入】，弹出对话框"表格输入"。

② 在"表格输入"中，单击【构件】新建构件，命名"放射筋"，如图14.9所示。

14.2.3 表格直接输入放射筋信息

在直接输入的界面，如图14.10所示，"筋号"输入"放射筋1"；"直径"中选择相应的直径，例如"16"；选择"钢筋级别"，例如三级钢筋

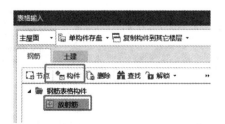

图 14.9 新建放射筋构件

"Φ"；单击"图号"栏里的"..."，弹出对话框"选择钢筋图形"，例如选择"5. 两个弯折"其中的第一个图形，单击【确定】，如图 14.11 所示；在"图形"一栏中可以修改图形的参数，例如 L =1500，H =120，软件会自动计算出钢筋的长度；再选择"根数"，例如"5"根，这样钢筋的工程量就自动计算出来了。

图 14.10 表格直接输入钢筋信息

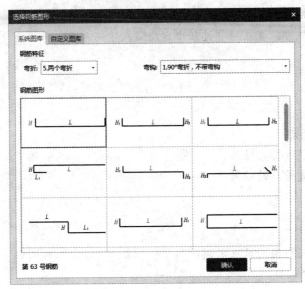

图 14.11 选择钢筋图形

采用同样的方法可以添加其他形状的钢筋，并计算工程量。

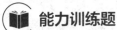 能力训练题

一、思考题

1. 表格输入中的直接输入法适用于哪些构件？
2. 表格输入的数据能否汇总计算计入报表？
3. 当构件参数一致，数量为多个时，如何通过表格输入设置？

二、技能操作题

完成图纸中楼梯钢筋、雨篷钢筋及其他不能在建模中输入的钢筋工程量计算。

任务15 做法套用及工程量汇总

 素质目标

- 具有认真严谨的工作态度，严格按照图纸进行模型构建；
- 具有规则意识，按照工程项目要求的清单和定额规则进行算量；
- 具有良好的沟通能力，能在对量过程中以理服人

知识目标

- 掌握做法套用的方法；
- 掌握汇总计算的方法；
- 掌握查看构件钢筋计算的结果；
- 掌握查看构件土建计算的结果

技能目标

- 能够根据图纸准确套用清单及定额；
- 会进行汇总计算；
- 会查看钢筋量、编辑钢筋、查看钢筋三维图形；
- 能够准确查看土建工程量、查看计算式

任务说明

完成案例图纸负一层KZ-10（Ⓐ轴与③轴交叉处）的做法套用、工程量汇总。

学习任务 15.1 构件做法套用

 学习任务描述

完成图纸负一层KZ-10（Ⓐ轴与③轴交叉处）的混凝土做法套用；

完成图纸负一层KZ-10（Ⓐ轴与③轴交叉处）的模板做法套用

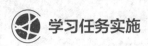

学习任务实施

做法套用是指构件按照计算规则计算汇总出做法工程量，方便进行同类项汇总，同时与计价软件数据对接。构件做法套用，可手动添加清单定额、查询清单定额库添加、查询匹配清单定额添加来实现。

构件定义好，需要进行做法套用，柱需要算的工程量有混凝土和模板两大项，因此分别添加混凝土和模板两个清单及定额项。

15.1.1　完成图纸负一层KZ-10（Ⓐ轴与③轴交叉处）的混凝土做法套用

（1）构件做法

单击【定义】，在弹出的"定义"界面中选择"KZ-10"，单击【构件做法】，如图15.1所示。

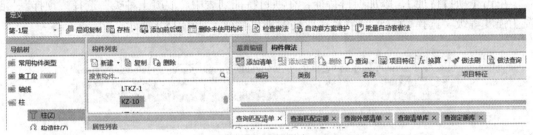

图 15.1　构件做法

（2）套用混凝土清单

① 方法一：点击【查询匹配清单】，弹出匹配清单列表，在匹配清单列表中双击"010502001"将其添加到做法表中；软件默认的是"按构件类型过滤"，此处选择"按构件属性过滤"查询匹配清单，这样查找范围更小。如图15.2所示。

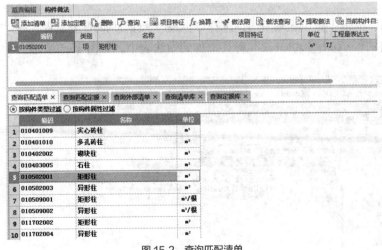

图 15.2　查询匹配清单

15.1　柱工程量计算及做法套用

② 方法二：单击【查询清单库】，选择"混凝土及钢筋混凝土工程"→"现浇混凝土

柱"→双击"010502001"将其添加到做法表中，如图15.3所示。

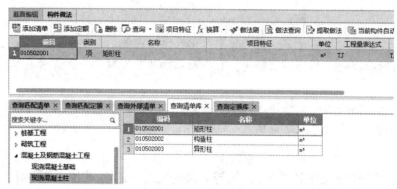

图15.3 查询清单库

（3）添加项目特征

单击【项目特征】，添加项目特征，在项目特征列表中"混凝土种类"选择"预拌"，"混凝土强度等级"选择"C35"，填写完成柱的项目特征，如图15.4所示。

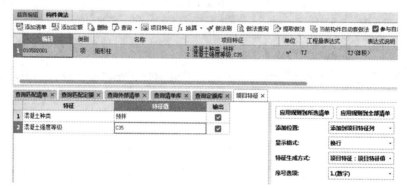

图15.4 矩形柱项目特征

（4）添加定额

单击【添加定额】，单击【查询定额库】，选择"混凝土及钢筋混凝土工程"→"预拌混凝土（现浇）"→"柱"→双击"A4-172"将其添加到做法表中，如图15.5所示。

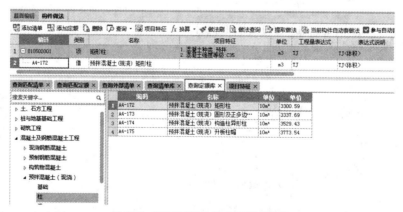

图15.5 添加预拌混凝土（现浇）柱定额

15.1.2　完成图纸负一层KZ-10（Ⓐ轴与③轴交叉处）的模板做法套用

（1）添加清单

单击【添加清单】，添加空清单行，点击【查询匹配清单】，弹出匹配清单列表，在匹配清单列表中双击"011702002"将其添加到做法表中，如图15.6所示。

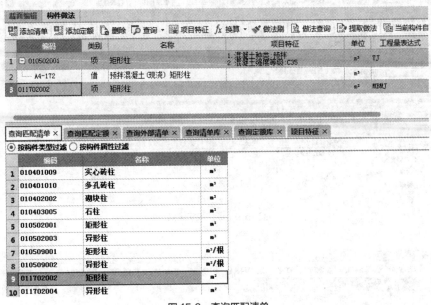

图15.6　查询匹配清单

（2）添加项目特征

单击【项目特征】，由于矩形柱模板的项目特征软件并未给出，其添加项目特征的方法具体如下。

①方法一：在"项目特征"处直接输入"1.复合木模板"，如图15.7所示。

②方法二：单击"项目特征"处🔲，弹出"编辑项目特征"对话框，如图15.8所示，直接输入"1.复合木模板"，单击【确定】即可。

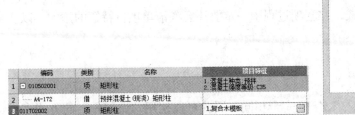

图15.7　矩形柱模板的项目特征

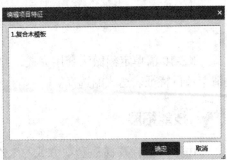

图15.8　编辑模板项目特征

（3）添加定额

在模板清单下"添加定额"，模板清单项下需要添加模板定额及超高模板定额，"查询定额库"→"模板工程"→"现浇混凝土模板"→"复合木模板"→"柱"→左键双击"A12-58"
定额，完成模板定额添加，如图 15.9 所示。

相同方式，木模板中找到超高模板，添加超高模板定额项，如图 15.10 所示。

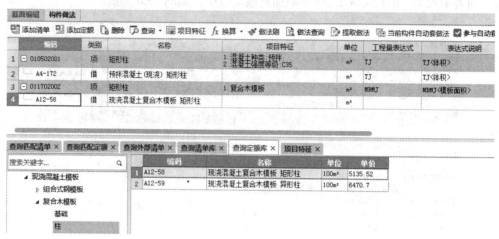

图 15.9　添加模板定额

图 15.10　添加超高模板定额

KZ-10 清单定额做法套用完成，在套项过程中一定要注意各清单项目特征的添加，以及
清单项目特征表达式的选择。

 **技能拓展**

由于其他柱及梯柱套项方式与 KZ-10 完全相同，因此可以使用"做法刷"的方式完成
其他柱的套项，操作方法如下。

①选中所有清单定额项，单击【做法刷】，如图 15.11 所示。

②在弹出的"做法刷"对话框中单击【过滤】→"工程同类型构件"→选择"覆盖"→☑
勾选全部需要套用做法的柱构件，如图 15.12 所示，单击【确定】，完成其他柱套项。

其他结构构件做法套用与柱套项方法相同，不再赘述。

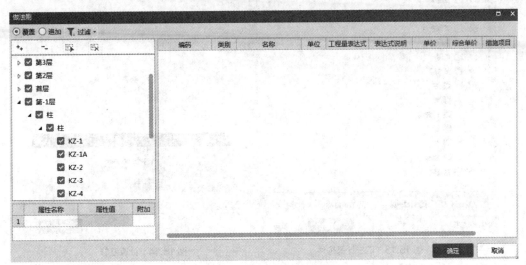

图 15.11 做法刷

图 15.12 需要套用做法的柱构件

学习任务 15.2 汇总工程量

 学习任务描述

汇总负一层构件的土建及钢筋工程量。

 学习任务实施

构件绘制完成后，要知道工程量时，采用"汇总计算"。操作方法如下：

单击"工程量"选项卡上的【汇总计算】，弹出"汇总计算"对话框，如图 15.13 所示。

① 全楼：可以选中当前工程中的所有楼层，在全选状态下再次单击，即可将所选的楼层全部取消选择。

② 土建计算：计算所选楼层及构件的土建工程量。

③ 钢筋计算：计算所选楼层及构件的钢筋工程量。

④ 表格输入：在表格输入前打钩，表示只汇总表格输入方式下的构件的工程量。

若"土建计算""钢筋计算""表格输入"前都打钩，则工程中所有的构件都将进行汇总计算。

选择需要汇总计算的负一楼层所有构件，单击【确定】，软件开始计算并汇总选中楼层构件的相应工程量，计算完毕，弹出"计算汇总"对话框，如图 15.14 所示，根据所选范围的大小和构件数量多少，需要的计算时间是不同的。

图 15.13　汇总计算构件

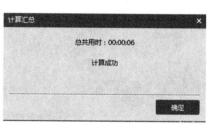

图 15.14　计算汇总

学习任务 15.3　查看构件钢筋计算结果

 学习任务描述

查看案例工程负一层 KZ-10（Ⓐ轴与③轴交叉处）钢筋量；

查看案例工程负一层 KZ-10（Ⓐ轴与③轴交叉处）编辑钢筋；

查看案例工程负一层Ⓗ轴 KL8 钢筋三维

 学习任务实施

汇总计算完毕后，可采用以下几种方式查看计算结果和汇总结果。

15.3.1　查看案例工程负一层KZ-10（Ⓐ轴与③轴交叉处）钢筋量

① 单击"工程量"选项卡上的【查看钢筋量】，然后选择需要查看钢筋量的图元"KZ-

10"，弹出"查看钢筋量"对话框，如图 15.15 所示。可以单击选择一个或多个图元，也可以拉框选择多个图元，此时将弹出对话框显示所选图元的钢筋计算结果，如图 15.16 所示。

查看钢筋量

📄 导出到Excel

钢筋总重量（kg）：242.884

楼层名称	构件名称	钢筋总重量（kg）	HRB400		
			22	25	合计
第-1层	KZ-10[5808]	242.884	49.64	193.244	242.884
	合计：	242.884	49.64	193.244	242.884

图 15.15　查看钢筋量

15.2　查看柱工程量

查看钢筋量

📄 导出到Excel

钢筋总重量（kg）：1220.127

楼层名称	构件名称	钢筋总重量（kg）	HRB400				
			8	20	22	25	合计
第-1层	KZ-1[5798]	204.96	82.764		122.196		204.96
	KZ-1[5844]	204.96	82.764		122.196		204.96
	KZ-3[5797]	231.419	101.844		16.135	113.44	231.419
	KZ-2[5855]	191.524	82.764	67.84	40.92		191.524
	KZ-12[5830]	192.906	82.896		30.838	79.172	192.906
	KZ-12[5841]	194.358	82.896		31.242	80.22	194.358
	合计：	1220.127	515.928	67.84	363.527	272.832	1220.127

图 15.16　多个图元钢筋计算结果

　　② 要查看不同类型构件的钢筋量，可使用"批量选择"功能。按【F3】键，或者在"工具"选项卡中单击【批量选择】，选择相应的构件（如选择柱和梁），如图 15.17 所示，单击【确定】，选中图元。单击【查看钢筋量】，弹出"查看钢筋量"表，如图 15.18 所示。表中将列出所有柱和梁的钢筋计算结果（按照级别和钢筋直径列出），同时列出合计钢筋量。

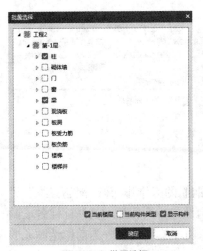

图 15.17　批量选择

查看钢筋量

📄 导出到Excel

钢筋总重量（kg）：17644.729

楼层名称	构件名称	钢筋总重量（kg）	HPB300		HRB400					
			6	合计	8	12	14	16	18	20
	KZ-1[5798]	204.96			82.764					
	KZ-1[5799]	204.96			82.764					
	KZ-1[5801]	204.96			82.764					
	KZ-1[5802]	204.96			82.764					
	KZ-1[5816]	204.96			82.764					
	KZ-1[5820]	204.96			82.764					
	KZ-1[5844]	204.96			82.764					
	KZ-5[5815]	230.763			92.235					
	KZ-6[5814]	371.75			100.764				16	
	KZ-3[5817]	245.987			92.235					
	KZ-3[5797]	231.419			101.844					
	KZ-3[5818]	231.419			101.844					
	KZ-3[5818]	240.751			101.844					
	KZ-2[5819]	191.524			82.764				8	

图 15.18　查看钢筋量表

　　其他种类构件的查看钢筋量与此类似，都是按照同样的方法，查看钢筋的计算结果。

15.3.2 查看案例工程负一层KZ-10（Ⓐ轴与③轴交叉处）编辑钢筋

要查看单个图元钢筋计算的具体结果，可使用"编辑钢筋"功能。下面以负一层 KZ-10（Ⓐ轴与③轴交叉处）为例，介绍"编辑钢筋"查看计算结果。

① 单击"工程量"选项卡上的【编辑钢筋】，然后选择需要查看钢筋量的图元"KZ-10"，绘图区下方将显示"编辑钢筋"列表，如图 15.19 所示。

筋号	直径(mm)	级别	图号	图形	计算公式	公式描述	长度	根数	搭接	损耗(%)	单
1 角筋.1	22	Φ	1	1083	3900-867-1300-max (2600/6, 650, 500)	层高-本层的露出…	1083	2	2	0	3.
2 B边纵筋.1	22	Φ	1	3033	3900-867-1300+1300	层高-本层的露出…	3033	4	1	0	9.
3 H边纵筋.1	22	Φ	1	3033	3900-867-1300+1300	层高-本层的露出…	3033	4	1	0	9.
4 箍筋.1	8	Φ	195	600 600	2×(600+600)+2×(13.57×d)		2617	36	0	0	1.
5 箍筋.2	8	Φ	195	225 600	2×(600+225)+2×(13.57×d)		1867	72	0	0	1.
6 拉筋	20	Φ	1	L	0		0	1	0	0	
7											

图 15.19　编辑钢筋列表

② "编辑钢筋"列表从上到下依次列出 KZ-10 的各类钢筋计算结果，包括钢筋信息（直径、级别、根数等）以及各钢筋的图形和计算公式，并且对计算公式进行了描述，可以清晰地看到计算结果。

③ "编辑钢筋"列表可以进行编辑和输入，列表中的每个单元格都可以手动修改，可根据自己的要求进行编辑。软件计算的钢筋结果显示为淡绿色底色，手动输入行显示为白色底色，便于区分。

④ "编辑钢筋"列表修改后的结果仅需要进行"锁定"。选择"建模"→"通用操作"中的"锁定"和"解锁"功能，如图 15.20 所示，可以对构件进行锁定和解锁。如果修改后不进行锁定，那么重新计算时，软件会按照属性中的钢筋信息重新计算，手动输入的部分会覆盖。

图 15.20　锁定

其他种类构件的计算结果显示与此类似，都是按照同样的项目进行排列，列出每种钢筋的计算结果。

15.3.3 查看案例工程负一层Ⓗ轴KL8钢筋三维

汇总计算完成后，还可利用"钢筋三维"功能来查看钢筋的三维排布。"钢筋三维"可显示构件钢筋的计算结果，按照钢筋的实际长度和形状在构件中排列和显示，并标注各段的计算长度，供直观查看计算结果和钢筋对量。钢筋三维效果直观真实地反映当前所选图元的内部钢筋骨架，显示钢筋骨架中每根钢筋与"编辑钢筋"中的每根钢筋的对应关系，且"钢筋三维"中的数值可以修改。"钢筋三维"和钢筋计算结果还保持对应，相互保持联动，数值修改后，可实时看到修改后的钢筋三维效果。

（1）查看当前构件的三维效果

查看负一层 KL8，单击【钢筋三维】，选择"KL8"，即可看到钢筋三维显示效果。同时配合绘图区右侧的动态观察等功能，全方位查看当前构件的三维效果，如图 15.21 所示。

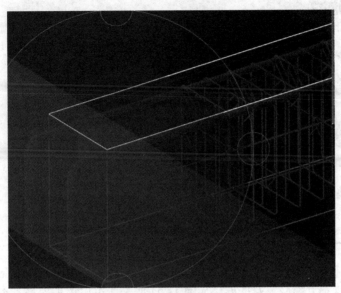

图 15.21　钢筋三维显示效果

（2）"钢筋三维"和"编辑钢筋"对应显示

① 选中三维中的某根钢筋线时，在该钢筋线上显示各段的尺寸，同时"编辑钢筋"表格中对应的行亮显。如果数字为白色字体，表示此数字可供修改，否则，将不能修改。

② 在"钢筋三维"时，"钢筋显示控制面板"用于设置当前类型的图元中隐藏、显示哪些钢筋种类。勾选不同项时，绘图区会及时更新显示，其中"显示其它图元"可以设置是否显示本层其他类型构件的图元，如图 15.22 所示。

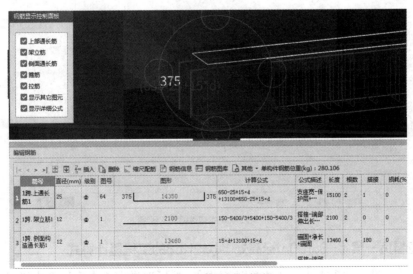

图 15.22　钢筋显示控制面板

学习任务 15.4　查看构件土建工程量计算结果

 学习任务描述

查看负一层（-0.100m 标高处）Ⓗ轴 KL8 的图元工程量；
查看负一层（-0.100m 标高处）Ⓗ轴 KL8 的工程量计算式

 学习任务实施

汇总计算完毕后，可采用以下几种方式查看计算结果和汇总结果。

15.4.1　查看负一层（-0.100m标高处）Ⓗ轴KL8图元工程量

单击"工程量"选项卡上的【查看工程量】，然后选择需要查看工程量的图元"KL8"，弹出"查看构件图元工程量"对话框，如图 15.23 所示。可以单击选择一个或多个图元，也可以拉框选择多个图元，此时弹出对话框，显示所选图元的工程量结果。

图 15.23　查看构件图元工程量

15.4.2　查看负一层（-0.100m标高处）Ⓗ轴KL8的工程量计算式

单击"工程量"选项卡上的【查看计算式】，然后选择需要查看计算式的图元"KL8"，弹出"查看工程量计算式"对话框，如图 15.24 所示。可以单击选择一个或多个图元，也可以拉框选择多个图元，此时弹出对话框，显示所选图元的工程量计算式。

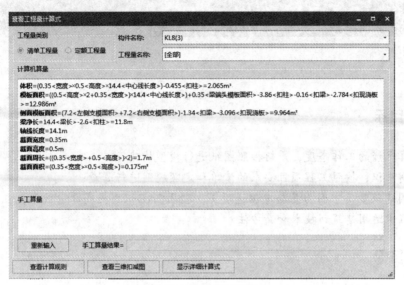

图 15.24　查看工程量计算式

能力训练题

一、选择题

1. 下面关于做法套用，说法错误的是（　　　）。

A. 做法套用是指构件按照计算规则计算汇总出做法工程量，方便进行同类项汇总

B. 构件套用做法，可手动添加清单定额、查询清单定额库添加、查询匹配清单定额添加来实现

C. 矩形柱套用混凝土和模板两个清单及定额项

D. 矩形柱套用模板定额项必须添加超高模板定额项

2. （　　　）查看所有柱和梁的钢筋计算结果（按照级别和钢筋直径列出），同时列出合计钢筋量。

A. 查看钢筋量　　B. 编辑钢筋　　　C. 钢筋三维　　　D. 汇总计算

3. （　　　）可显示构件钢筋的计算结果，按照钢筋的实际长度和形状在构件中排列和显示，并标注各段的计算长度。

A. 查看钢筋量　　B. 编辑钢筋　　　C. 钢筋三维　　　D. 汇总计算

4. 在"钢筋三维"时，（　　　）用于设置当前类型的图元中隐藏、显示哪些钢筋种类。

A. 查看钢筋量　　　　　　　B. 编辑钢筋

C. 钢筋显示控制面板　　　　D. 汇总计算

二、技能操作题

给案例工程图纸中所有构件套用做法并进行汇总计算。

任务16　CAD识别做工程

素质目标

- 具有认真严谨的工作态度，严格按照图纸进行模型构建；
- 具有规则意识，按照工程项目要求的清单和定额规则进行算量；
- 理解中国建筑梦（中国力量与中国速度），利用CAD识别提高算量效率，在投标报价和算量过程中运用建筑新技术和新方法

知识目标

- 了解CAD识别的基本原理；
- 掌握CAD识别的构件范围；
- 掌握CAD识别的基本流程；
- 掌握CAD识别的具体操作方法

技能目标

- 能够利用CAD识别进行图纸管理和楼层管理；
- 能够利用CAD识别轴网；
- 能够利用CAD识别柱、梁、板、墙、门窗、基础等构件

任务说明

利用识别CAD图纸的方法完成案例工程建模及算量。

任务实施

CAD识别做工程的操作流程如下：

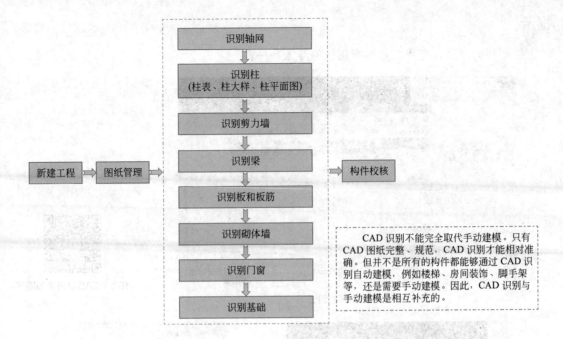

CAD 识别不能完全取代手动建模。只有 CAD 图纸完整、规范，CAD 识别才能相对准确。但并不是所有的构件都能够通过 CAD 识别自动建模，例如楼梯、房间装饰、脚手架等，还是需要手动建模。因此，CAD 识别与手动建模是相互补充的。

学习任务 16.1　导入 CAD 图纸并进行图纸分割

 学习任务描述

新建工程；
将 CAD 图纸导入到案例工程中

 学习任务实施

16.1.1　新建工程

新建工程和手动建模做法相同，具体做法参见本书"任务 2 新建工程"。

16.1.2　将CAD图纸导入到案例工程中

① 新建工程后，单击【图纸管理】，选择【添加图纸】，在弹出的"添加图纸"对话框中，选择"酒店结构施工图 .dwg"，如图 16.1 所示。

② 图纸分割。结构施工图中有多张图纸，需要通过"分割"功能，将所需的图纸拆解出来。单击【图纸管理】下面的【分割】→选择"手动分割"，如图 16.2 所示，在绘图区找到"-0.100 ~ 4.100m 框架柱平法施工图"，鼠标左键框选该图，单击鼠标右键，弹出"手动分割"对话框，如图 16.3 所示，鼠标左键单击选择图名"-0.100 ~ 4.100m 框架柱平法施工图"，点击【确定】，这时这张首层柱的平法施工图就被拆解出来了，见图 16.4。

提示

按同样的方法，完成其他所需图纸的导入和分割。

图 16.1　添加图纸

16.1　CAD识别添加图纸

图 16.3　添加图纸名称

图 16.2　选择"手动分割"

图 16.4　图纸分割成功

学习任务 16.2　识别 CAD 图纸中的楼层表

 学习任务描述

识别 CAD 图纸中的楼层表创建楼层

 学习任务实施

① 在"图纸管理"中找到刚分割好的"-0.100 ～ 4.100m 框架柱平法施工图"，双击打开。

该图中有楼层表，可以通过 CAD 进行识别，创建楼层。

②在"建模"菜单下，"CAD 操作"模块中选择【识别楼层表】，见图 16.5。

用鼠标框选图纸中的楼层表，单击鼠标右键确定，弹出"识别楼层表"对话框，如图 16.6 所示。如果识别的楼层表有误，比如缺少基础层，可以在"识别楼层表"对话框中通过"插入行"和"插入列"修改，选择抬头属性，删除多余的行或列，点击【识别】。识别并修改后的楼层表如图 16.7 所示。

16.2 CAD识别楼层

图 16.5 选择"识别楼层表"

图 16.6 识别楼层表对话框

提示

楼层设置的其他操作，与前面介绍的手动建模方法相同。

③楼层识别完成后，将分割好的图纸和楼层相对应。在"图纸管理"中"-0.100～4.100m 框架柱平法施工图"右侧的"对应楼层"一栏中，点击 **…**，弹出"对应楼层"对话框，选择"首层（-0.1～4.1）"，即完成图纸和楼层的对应，见图 16.8。用同样的方法，将其他图纸对应楼层。

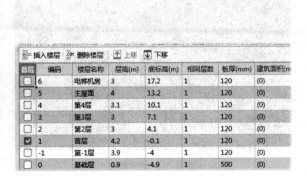

图 16.7 识别好的楼层表

图 16.8 图纸匹配楼层

学习任务 16.3　识别 CAD 图纸中的轴网

 学习任务描述

选择"-0.100～4.100m 框架柱平法施工图",识别 CAD 图纸中的轴网

 学习任务实施

首先分析图纸中哪张图的轴网是最完整的。本案例工程图纸中,选择"-0.100～4.100m 框架柱平法施工图"的轴网。

选择导航树"轴线"→"轴网"→"建模"菜单"识别轴网"。

① 单击绘图窗口左上方的【提取轴线】,勾选"按图层选择",如图 16.9 所示,光标由"+"字形变成"回"字形后,点选图纸中其中一根轴线,然后单击鼠标右键。

② 单击绘图窗口左上方的【提取标注】,光标由"+"字形变成"回"字形后,点选图纸中的轴号、尺寸标注,然后单击鼠标右键。

③ 单击绘图窗口左上方的【自动识别】,然后单击鼠标右键,轴网就自动生成了,如图 16.10 所示。

16.3　CAD识别创建轴网

图 16.9　提取轴线

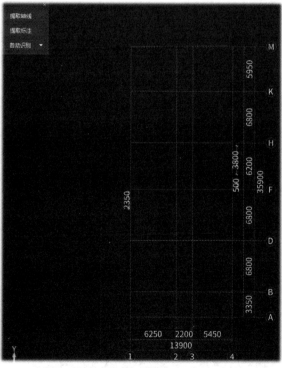

图 16.10　生成轴网

学习任务 16.4　识别 CAD 图纸中的柱构件

 学习任务描述

识别首层 CAD 图纸柱大样信息完成柱构件定义；
识别首层 CAD 图纸柱构件创建柱图元

16.4　CAD识别柱大样创建柱

 学习任务实施

CAD 识别柱有两种方法：识别柱表生成柱构件和识别柱大样生成柱构件。本案例工程图纸采用的是柱大样的形式，因此主要介绍识别柱大样创建柱构件的操作流程：选择导航树"柱"→"建模"菜单下"识别柱大样"→"识别柱"。

注意

当绘制柱子的图纸位置和创建的轴网位置有出入时，采用"定位"功能，将图纸定位到轴网的正确位置。单击【定位】，选择图纸Ⓐ轴和①轴的交点，将其拖动到已识别好的轴网Ⓐ轴和①轴的交点处。

16.4.1　识别首层CAD图纸柱大样信息完成柱构件定义

双击分割好的"−0.100～4.100m 框架柱平法施工图"，选择导航树"柱"→单击"建模"菜单下【识别柱大样】。特别要注意："导航树"上方，楼层选择"首层"。

① 单击【提取边线】，勾选"按图层选择"，光标由"+"字形变成"回"字形后，点选图纸中其中一个柱子的边线，然后单击鼠标右键，如图 16.11 所示。

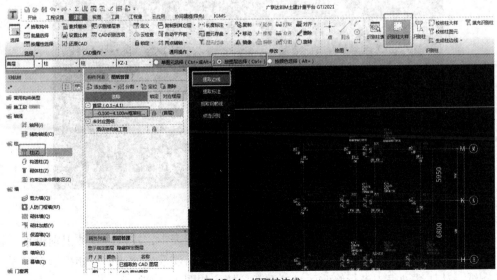
图 16.11　提取柱边线

（注意检查是否所有的柱边线都被选中，如果图纸不规范，"按图层选择"不能选中全部的柱边线，这时可以按"单图元选择"，将其余没被选中的柱边线都选中。）

②单击【提取标注】，光标由"+"字形变成"回"字形后，点选图纸中柱子的集中标注、原位标注和尺寸标注，然后单击鼠标右键，如图16.12所示。

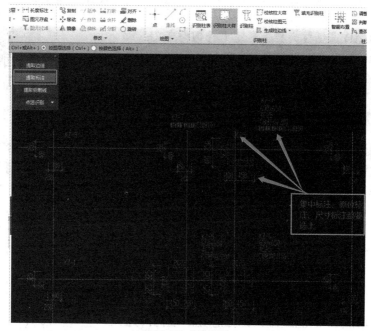

图16.12 提取标注

③单击【提取钢筋线】，光标由"+"字形变成"回"字形后，点选图纸中柱子的钢筋线，然后单击鼠标右键，如图16.13所示。

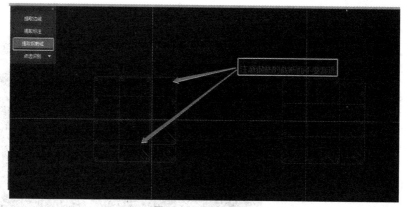

图16.13 提取钢筋线

④单击【点选识别】→【自动识别】。此时在构件列表中，柱构件就被识别出来。软件会自动校核柱大样，如果图纸比较规范，自动校核不会有实质性的错误。如提示有错误，再结合图纸，从属性列表中进行修改后，再重新校核，如图16.14所示。

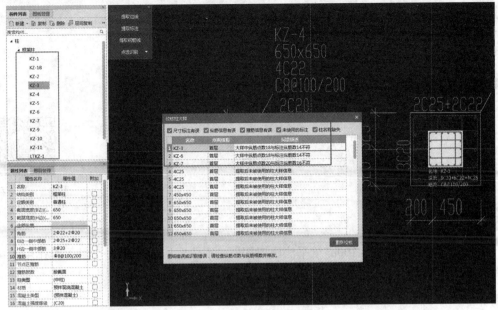

图 16.14 自动识别后软件自动校核

16.4.2 识别首层CAD图纸柱构件创建柱图元

① 单击【识别柱】→【提取边线】，勾选"按图层选择"，光标由"+"字形变成"回"字形后，点选图纸中其中一个柱子的边线，然后单击鼠标右键，如图 16.15 所示。

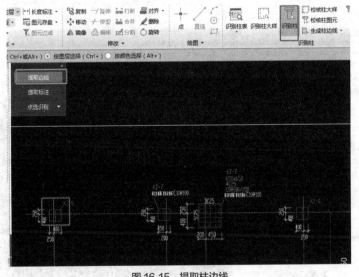

图 16.15 提取柱边线

16.5 CAD识别
柱表创建柱

② 单击【提取标注】，光标由"+"字形变成"回"字形后，点选图纸中柱子的集中标注、原位标注和尺寸标注，然后单击鼠标右键。

③ 单击【点选识别】→【自动识别】，柱图元就被创建出来了。

另一种 CAD 识别柱的方法是识别柱表，具体操作方法扫描二维码 16.5 查看视频。

学习任务 16.5　识别 CAD 图纸中的梁构件

 学习任务描述

识别 CAD 图纸首层梁构件；
识别 CAD 图纸首层梁吊筋

16.6　CAD识别梁

 学习任务实施

双击分割好的"标高 4.100m 梁平法施工图"，将图纸定位到轴网。(具体操作步骤参见"图纸分割"的内容介绍)

注意

识别梁之前，一定要先完成柱、剪力墙等图元的创建。

16.5.1　识别CAD图纸首层梁构件

导航树"梁"→"梁"→"建模"菜单下"识别梁"。

① 单击【提取边线】，勾选"按图层选择"，光标由"+"字形变成"回"字形后，点选图纸中梁的边线，然后单击鼠标右键，如图 16.16 所示。

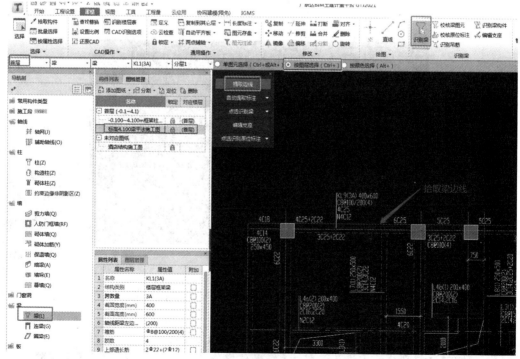

图 16.16　提取梁边线

② 单击【自动提取标注】，鼠标点选图纸中梁的标注，检查没有遗漏后，单击鼠标右键。此方法可一次性提取 CAD 图中梁的集中标注、原位标注。如果图纸不规范，集中标注和原位标注不在同一个图层，则分别提取集中标注和原位标注。见图 16.17。

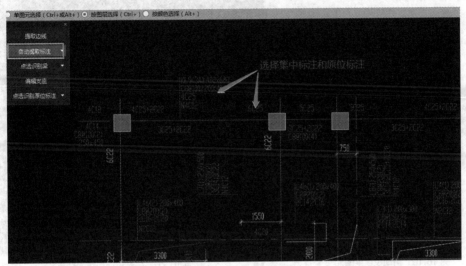

图 16.17　自动提取标注

③ 单击"点选识别梁"后的"▼"，在下拉菜单中选择【自动识别梁】。软件根据提取的梁边线、梁标注，自动对图中所有的梁一次性全部识别。软件弹出"识别梁选项"对话框，如图 16.18 所示。

	名称	截面(b×h)	上通长筋	下通长筋	侧面钢筋	箍筋	肢数
1	KL1(3A)	400×600	2⊈22+(2⊈...			⊈8@100/200(4)	4
2	KL2(6)	500×700	4⊈22	6⊈22	N6⊈14	⊈8@100/200(4)	4
3	KL3(6)	500×700	4⊈22	6⊈22	G6⊈12	⊈8@100/200(4)	4
4	KL4(5)	500×700	4⊈22	6⊈22	G6⊈14	⊈8@100/200(4)	4
5	KL5(6)	500×700	4⊈22	6⊈22	N6⊈12	⊈8@100/200(4)	4
6	KL6(3A)	400×600	2⊈22+(2⊈...		N4⊈12	⊈8@100/200(4)	4
7	KL7(3A)	400×600	2⊈22+(2⊈...			⊈8@100/200(4)	4
8	KL8(4)	400×600	2⊈22+(2⊈...		G4⊈12	⊈8@100/200(4)	4
9	KL9(3A)	400×600	4⊈25		N4⊈12	⊈8@100/200(4)	4
10	KL101(2)	250×500	2⊈18	3⊈18	N4⊈12	⊈8@100/200(4)	4
11	KL102(1)	250×450	2⊈18	3⊈18	N4⊈12	⊈8@100/200(2)	2

图 16.18　自动识别梁

对照图纸，核对识别的梁构件信息，可以修改和补充钢筋信息、截面信息，从而提高识别的准确性。核对无误后，点击【继续】。

软件自动进行梁校核，识别有误的地方会出现提示，双击提示，错误的梁会高亮显示。见图 16.19。

识别完成后，与集中标注跨数一致的梁是粉色的，跨数不一致，出现错误的梁，用红色显示，如图 16.20 所示。

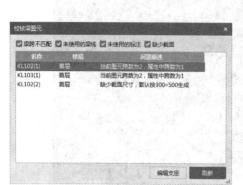

图 16.19　自动校核梁图元

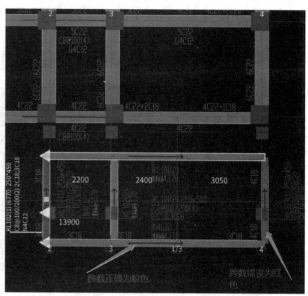

图 16.20　梁跨错误显示为红色

④ 点击【校核梁图元】命令，当前图元跨数和属性跨数不相符时，可以使用"编辑支座"功能进行支座的添加、删除，如图 16.21 所示。

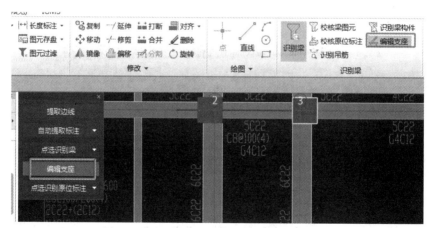

图 16.21　编辑支座添加或删除支座

如果要删除支座，直接点击图元中需删除的支座点。如果要添加支座，需要点击作为支座的图元（例如与之相交的柱、梁），单击鼠标右键。直至校核梁图元不再提示出错，绘图区的梁图元都变成粉色即可。

⑤ 单击"点选识别原位标注"后的"▼"，在下拉菜单中选择"自动识别原位标注"。原位标注识别成功的梁图元会变成绿色，未识别成功的仍然是粉色，如图 16.22 所示。此时，需要找到粉色的原位标注进行单独识别，或者利用手动建模的方式直接对梁进行原位标注。

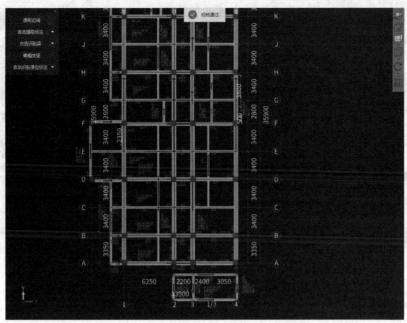

图 16.22　原位标注识别成功的梁显示为绿色

16.5.2　识别CAD图纸首层梁吊筋

次梁与主梁相交处，在次梁两侧的主梁上需设置吊筋、附加箍筋。

吊筋需要主次梁已经创建完成变成绿色后才能识别。如果图纸中绘制了吊筋和次梁加筋，可以使用"识别吊筋"功能，"识别吊筋" → "提取钢筋和标注" → "自动识别"，如图 16.23 所示。

由于本图没有绘制出吊筋和附加箍筋，但图纸中注明了吊筋和附加箍筋的布置方式，如图 16.24 所示。吊筋 2Φ12，附加箍筋在次梁两侧的主梁上每侧 3 根。可以通过生成吊筋的方式进行布置。

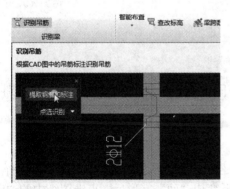

图 16.23　识别吊筋

说明:
1. 本图参照《混凝土结构施工图平面整体表示方法制图规则和构造详图》16G101-1图集绘制，构造做法及要求采用16G101-1图集。
2. 材料: 梁混凝土C35，钢筋HPB300(Φ),HRB400(Φ)。
3. 梁定位尺寸除注明者外均为梁中心定位或与柱(墙)外皮齐。
4. 除注明外，主次梁相交处均在次梁两侧的主梁上每侧附加三根规格同主梁箍筋的附加箍筋，吊筋已注明的按图施工，未注明的均采用2Φ12
5. 其它见结构设计总说明。

图 16.24　图纸中的吊筋信息

单击【生成吊筋】，弹出对话框，在"钢筋信息"选项下"吊筋"处输入"2Φ12"，"次梁加筋"输入"6"，选择楼层，勾选"首层（当前楼层）"，点击【确定】，如图 16.25 所示。则在主次梁的交界处，绘制了吊筋和附加箍筋图元。见图 16.26。

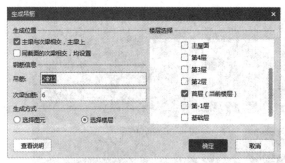

图 16.25 "生成吊筋"对话框

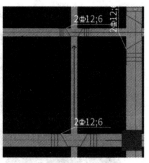

图 16.26 绘制吊筋

学习任务 16.6　识别 CAD 图纸中的板构件

 学习任务描述

识别 CAD 图纸首层板构件；
识别 CAD 图纸首层板的受力筋；
识别 CAD 图纸首层板的负筋

 学习任务实施

双击分割好的"标高 4.100m 楼板平法施工图"，将图纸定位到轴网。
（具体操作步骤参见"图纸分割"的内容介绍）

16.7　CAD识别板

注意

识别板之前，一定要先完成柱、梁等图元的创建。

不同于柱、梁构件，钢筋和楼板构件可以一同生成。CAD 识别楼板需要分别识别"现浇板"→"板受力筋"→"板负筋"。

16.6.1　识别CAD图纸首层板构件

① 选择导航树"板"→"现浇板"，单击"建模"菜单下【识别板】图标，再选择"绘图"区左上方的"提取板标识"，光标由"+"字形变成"回"字形后，点选图纸中的"LB01 h =100"等字样，待字体变成蓝色，单击鼠标右键，如图 16.27 所示。

② 再选择"提取板洞线"，光标由"+"字形变成"回"字形后，点选图纸中的板洞线，单击鼠标右键，如图 16.28 所示。

③ 选择"自动识别板"，弹出如图 16.29 的"识别板选项"对话框，单击【确定】，弹

出图 16.30 所示的对话框，由于图纸中注明"本层未注明楼板均为 LB01"，将无标注板的厚度改成"120"，点击【确定】，完成现浇板图元的创建，如图 16.31 所示，灰色的区域即为现浇板。

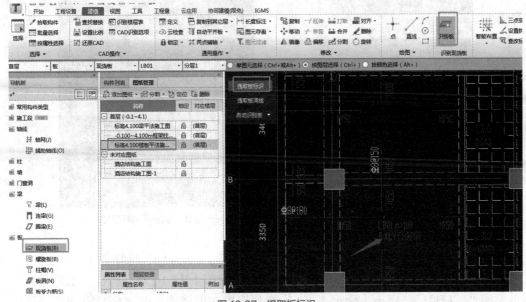

图 16.27　提取板标识

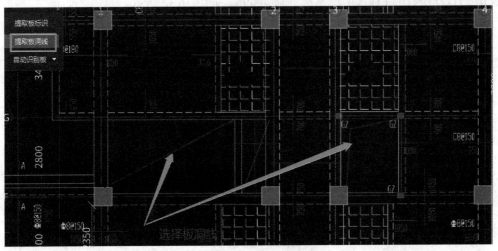

图 16.28　提取板洞线

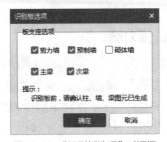

图 16.29　"识别板选项"对话框

图 16.30　修改未注明的板厚

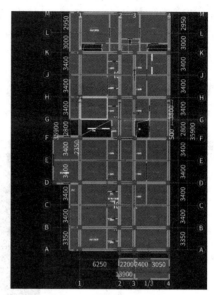

图 16.31　绘制现浇板图元

楼板创建完成后，要进行检查。由于 LB03 标高下降 0.040m，选择其中一块 LB03，在属性列表中核对，标高是否正确，如有误，则在键盘按下【F3】键，弹出"批量选择"对话框，勾选"LB03"，点击【确定】，在属性列表中，把该楼板的顶标高改为"层顶标高-0.040"，这样所有的 LB03 的标高都下降 40mm。如图 16.32 所示。

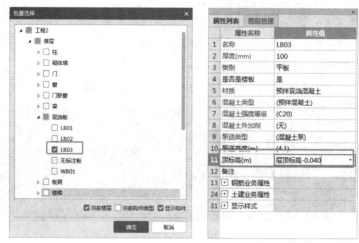

图 16.32　修改板标高

16.6.2　识别CAD图纸首层板的受力筋

（1）板受力筋识别

选择导航树"板"→"板受力筋"，单击"建模"菜单下【识别受力筋】图标，再依次选择"提取板筋线"→"提取板筋标注"→"自动识别受力筋"，光标由"+"字形变成"回"字形后，依次点选图纸中的板受力筋、板筋标注。完成板受力筋的识别。

由于本图的受力筋采用的是与板标注同时注写，如：LB01 h=100 B：X ＆ Y：Φ8@200，在识别板的时候已经将板筋标注一同提取了，因此就不用单独识别了。

（2）布置板受力筋

由于本图受力筋采用的是注写的形式，因此需要利用手动建模的方式布置板受力筋，做法同本书"任务8 板建模及算量"中板受力筋的画法，在这里不再赘述。具体做法可参考图16.33。

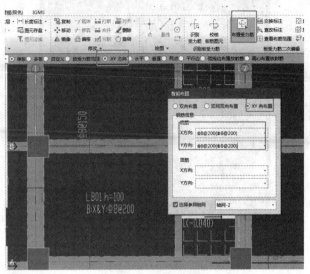

16.8　CAD识别板负筋

图16.33　布置板受力筋

16.6.3　识别CAD图纸首层板的负筋

① 选择导航树"板"→"板负筋"，单击"建模"菜单下【识别负筋】图标，再选择"提取板筋线"，光标由"+"字形变成"回"字形后，点选图纸中红色的板负筋线后，鼠标右键单击。见图16.34。

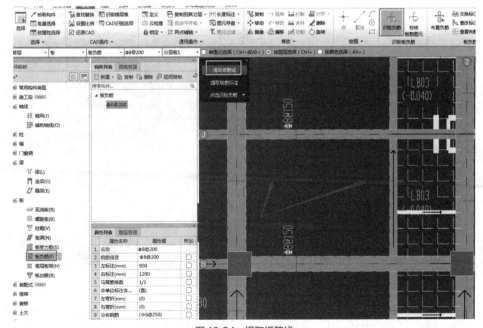

图16.34　提取板筋线

② 选择"提取板筋标注",光标由"+"字形变成"回"字形后,点选图纸中板负筋标注,鼠标右键单击。见图 16.35。

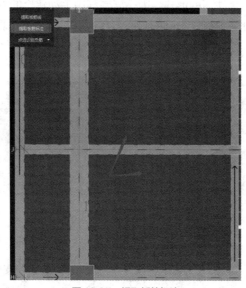

图 16.35 提取板筋标注

③ 选择"点选识别负筋",弹出对话框"识别板筋选项"。因图纸中注明"本层板未标注的上部支座钢筋均为:Φ8@200",将对话框中的"无标注的负筋信息"后面的选项改为"Φ8@200"。本图中,大部分的板负筋伸出长度为 1050mm,可将"无标注负筋伸出长度"和"无标注跨板受力筋伸出长度"均改为"1050,1050",点击【确定】。弹出对话框"自动识别板筋",依次点击表格中最后的定位按钮,逐一核对钢筋信息是否正确,无误,点击【确定】,见图 16.36。

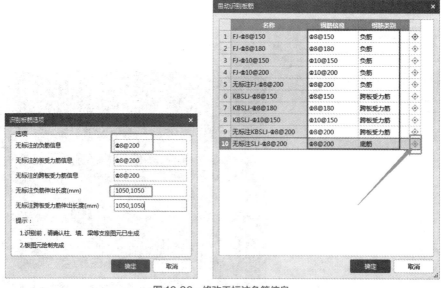

图 16.36 修改无标注负筋信息

此时,弹出"校核板筋图元"对话框,逐个校核修正钢筋,见图 16.37。特别要注意的是:①板负筋伸出长度识别时统一取值"1050",要按照图纸中注明的实际伸出长度逐一修改，尤其是板边的负筋，深入板内的长度按图中数值修改，板外侧的伸出长度要改成"0"，见图16.38；②负筋范围重叠部分，要逐个调整。具体见二维码16.8 CAD识别板负筋视频。

图 16.37　校核板筋图元　　　　　图 16.38　修改板负筋伸出长度

 技能拓展

马凳筋用于上下两层板钢筋中间，起固定支撑上层板钢筋的作用。马镫钢筋一般图纸上不标注，大都由项目工程师在施工组织设计中详细标明其规格、长度和间距。通常马镫的规格比板受力筋小一个级别，如板筋直径 $\phi 12$ 可用直径为 $\phi 10$ 的钢筋做马镫，当然也可与板筋相同。纵向和横向的间距一般为1m。

选择导航树"板"→"现浇板"，在其中的LB01的属性栏中，打开"钢筋业务属性"，在"马凳筋参数图"的右侧点击┉按钮，会出现"马凳筋设置"参数图。结合图纸中马凳筋的形式和尺寸要求，选择其中一种马凳筋，并输入其钢筋信息，调整尺寸参数，点击【确定】，即可完成对马凳筋的设置，见图16.39。

图 16.39　设置马凳筋

学习任务 16.7　识别 CAD 图纸中的砌体墙

 学习任务描述

识别 CAD 图纸首层砌体墙构件，创建砌体墙图元

16.9　CAD识别砌体墙

 学习任务实施

分割案例工程图纸建筑施工图的"首层平面图"，双击进入该图，将图纸定位到轴网。

注意

先识别砌体墙，再识别门窗表。

① 选择导航树"墙"→"砌体墙"，单击"建模"菜单下【识别砌体墙】图标，再选择绘图区左上方的"提取砌体墙边线"，光标由"+"字形变成"回"字形后，点选图纸中砌体墙边线，单击鼠标右键，如图 16.40 所示。

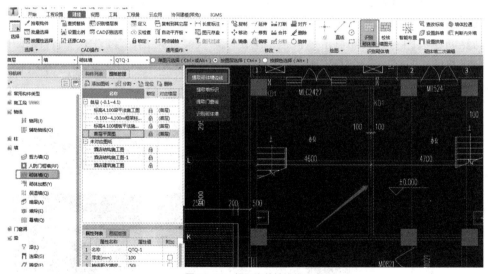

图 16.40　提取砌体墙边线

② 再选择"提取墙标识"，光标由"+"字形变成"回"字形后，点选图纸中的墙标识，例如"Q1""Q2"，单击鼠标右键，弹出"识别砌体墙"对话框，点击【自动识别】，如图 16.41 所示。本图没有墙标识，可跳过这一步。

③ 选择"提取门窗线"，光标由"+"字形变成"回"字形后，点选图纸中的门窗线，单击鼠标右键。

④ 选择"识别砌体墙"。弹出"识别砌体墙"对话框，表格中列出了软件自动识别的墙体名称和厚度，有一些并不是墙体，可以通过对话框里的"删除"按钮删掉错误的部分。

"材质"一列，选择"加气混凝土砌块"；"通长筋"一列，通过查看案例工程图纸可知，输入通长钢筋为"2Φ6@500"，点击【自动识别】，如图 16.42 所示。弹出对话框提示"识别墙之前请先绘好柱，此时识别的墙端头会自动延伸到柱内，是否继续？"，点击【是】，见图 16.43。

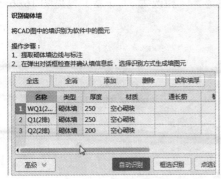

图 16.41　提取墙标识

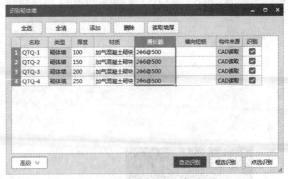

图 16.42　自动识别砌体墙

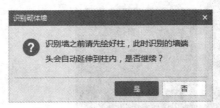

图 16.43　确认识别墙之前先绘好柱

　　软件自动校核砌体墙图元。提示有"未使用的墙边线"，双击每一项进行定位查看，可以看出，这些线是室外台阶坡道的边线，可以删除这些图元，如图 16.44 所示。

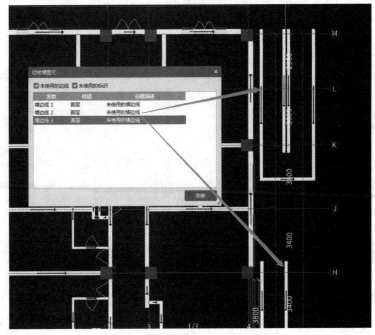

图 16.44　软件自动校核砌体墙图元

检查砌体墙图元，会发现④号轴线上的墙体在Ⓓ～Ⓗ轴之间没有连接上，还有①号轴线的墙体在Ⓓ～Ⓕ轴之间也没有连接上，如图 16.45 所示。前面说过，门窗是要附着在墙体上的，因此，选择相邻近的墙体，拖动端部绿色夹点，将这段墙体补画上。

检查砌体墙属性列表，由图纸可知，250mm 厚的墙体为外墙。由于内外墙会影响到后期其他构件的布置，所以将 QTQ-4 属性列表的"内／外墙标志"一栏改为"（外墙）"，见图 16.46。

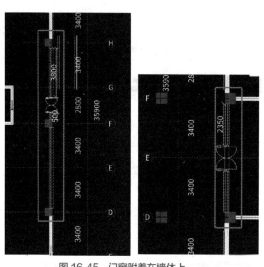

图 16.45　门窗附着在墙体上

图 16.46　修改内外墙标志

学习任务 16.8　识别 CAD 图纸中的门窗

 学习任务描述

识别 CAD 图纸门窗表，创建首层门窗图元

16.10　CAD识别门窗

 学习任务实施

砌体墙图元创建完成，检查无误后，开始识别门窗。

双击分割好的"门窗表"图纸，点击【定位】，捕捉到门窗表的左下角，再按住【Shift】键，鼠标单击轴网中的基准点"×"，在弹出的对话框中输入"X=-40000""Y=0"，图就定位好了。目的就是为了让门窗表靠近已建好的模型。

（1）识别门窗表

选择导航树“门窗洞”→“门”，单击“建模”菜单下“识别门窗表”图标，框选门窗表，单击右键。弹出“识别门窗表”对话框，如图 16.47 所示。

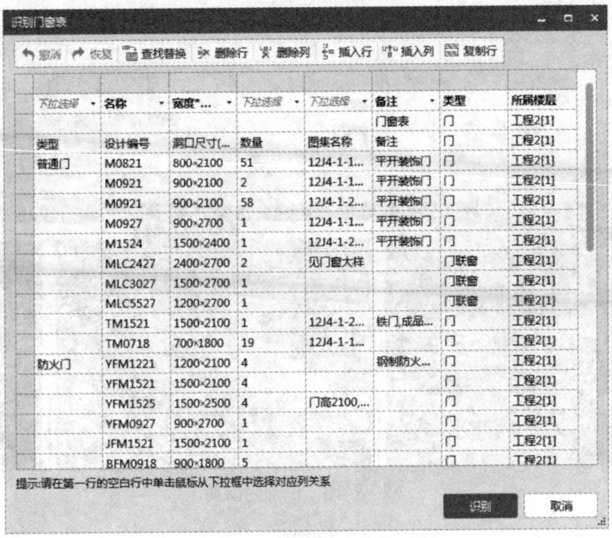

下拉选择	名称	宽度*...	下拉选择	下拉选择	备注	类型	所属楼层
					门窗表	门	工程2[1]
类型	设计编号	洞口尺寸(...	数量	图集名称	备注	门	工程2[1]
普通门	M0821	800×2100	51	12J4-1-1...	平开装饰门	门	工程2[1]
	M0921	900×2100	2	12J4-1-1...	平开装饰门	门	工程2[1]
	M0921	900×2100	58	12J4-1-2...	平开装饰门	门	工程2[1]
	M0927	900×2700	1	12J4-1-1...	平开装饰门	门	工程2[1]
	M1524	1500×2400	1	12J4-1-2...	平开装饰门	门	工程2[1]
	MLC2427	2400×2700	2	见门窗大样		门联窗	工程2[1]
	MLC3027	1500×2700	1			门联窗	工程2[1]
	MLC5527	1200×2700	1			门联窗	工程2[1]
	TM1521	1500×2100	1	12J4-1-2...	铁门,成品...	门	工程2[1]
	TM0718	700×1800	19	12J4-1-1...		门	工程2[1]
防火门	YFM1221	1200×2100	4		钢制防火...	门	工程2[1]
	YFM1521	1500×2100	4			门	工程2[1]
	YFM1525	1500×2500	4	门高2100,...		门	工程2[1]
	YFM0927	900×2700	1			门	工程2[1]
	JFM1521	1500×2100	1			门	工程2[1]
	BFM0918	900×1800	5			门	工程2[1]

图 16.47　识别门窗表

（2）编辑“识别门窗表”表格

删除不需要的行和列，编辑表头名称，使之与所对应的列的内容相一致。调整到图 16.48 所示的样式，点击【识别】。

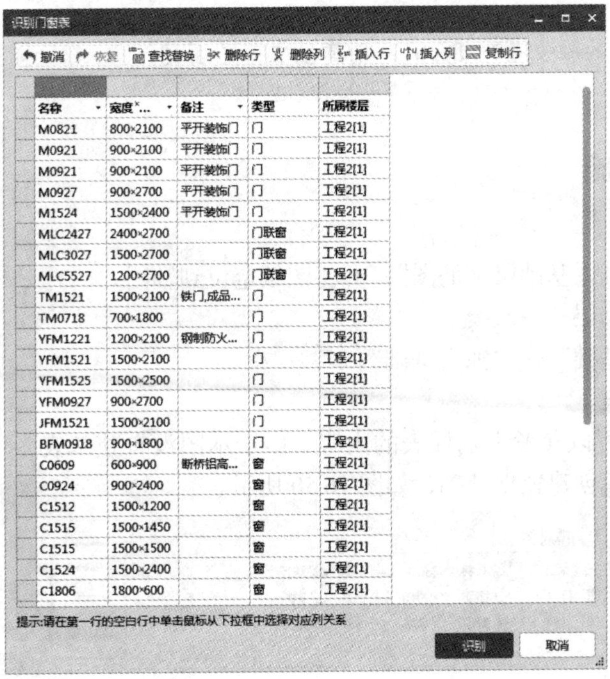

名称	宽度*...	备注	类型	所属楼层
M0821	800×2100	平开装饰门	门	工程2[1]
M0921	900×2100	平开装饰门	门	工程2[1]
M0921	900×2100	平开装饰门	门	工程2[1]
M0927	900×2700	平开装饰门	门	工程2[1]
M1524	1500×2400	平开装饰门	门	工程2[1]
MLC2427	2400×2700		门联窗	工程2[1]
MLC3027	1500×2700		门联窗	工程2[1]
MLC5527	1200×2700		门联窗	工程2[1]
TM1521	1500×2100	铁门,成品...	门	工程2[1]
TM0718	700×1800		门	工程2[1]
YFM1221	1200×2100	钢制防火...	门	工程2[1]
YFM1521	1500×2100		门	工程2[1]
YFM1525	1500×2500		门	工程2[1]
YFM0927	900×2700		门	工程2[1]
JFM1521	1500×2100		门	工程2[1]
BFM0918	900×1800		门	工程2[1]
C0609	600×900	断桥铝高...	窗	工程2[1]
C0924	900×2400		窗	工程2[1]
C1512	1500×1200		窗	工程2[1]
C1515	1500×1450		窗	工程2[1]
C1515	1500×1500		窗	工程2[1]
C1524	1500×2400		窗	工程2[1]
C1806	1800×600		窗	工程2[1]

图 16.48　编辑表头名称

（3）识别门窗洞

通过"识别门窗表"完成门窗属性定义后，再通过"识别门窗洞"完成门窗的绘制。

在图纸管理中，双击打开案例工程图纸"首层平面图"，选择"识别门窗洞"。分别依次选择"提取门窗线"→"提取门窗洞标识"→"点选识别"下的"自动识别"，完成门窗的绘制。见图 16.49。

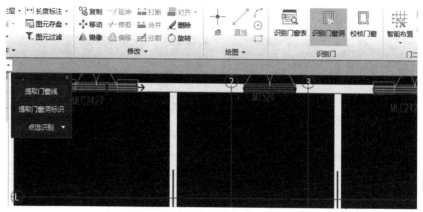

图 16.49 识别门窗洞

学习任务 16.9 识别 CAD 图纸中的基础构件

 学习任务描述

识别 CAD 图纸的独立基础 DJJ01，创建独立基础图元

 学习任务实施

（1）图纸定位

分割"独立基础、基础梁配筋图"，并将图纸定位到轴网。

（2）切换到基础层

选择导航栏"基础"→"独立基础"。

（3）识别独基表

框选独基表，可以参考识别柱表的内容。由于本图没有独基表，可先定义独立基础构件，方法同手动建模创建独立基础，如图 16.50 所示。

图 16.50 识别独基表

（4）识别独立基础

点击"建模"菜单下【识别独立基础】，分别依次选择"提取独基边线"→"提取独基标识"→"点选识别"下的"自动识别"，完成独立基础绘制，如图 16.51 所示。

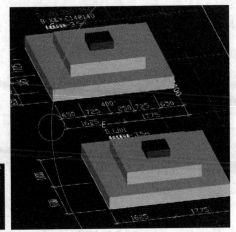

图 16.51　提取独基边线

提示

基础梁也可以利用 CAD 识别创建，其做法同 CAD 识别梁。筏板只能通过手动建模完成。

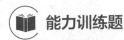 **能力训练题**

一、选择题

1. 在利用 CAD 识别功能识别门窗洞前要先把（　　）识别完。

　　A. 柱　　　　　　　B. 墙　　　　　　　C. 梁　　　　　　　D. 板

2. CAD 识别的最优流程是（　　）。

　　A. 导入 CAD 电子图→识别轴网→识别柱→识别梁→识别墙→识别板

　　B. 导入 CAD 电子图→识别柱→识别轴网→识别梁→识别墙→识别板

　　C. 导入 CAD 电子图→识别轴网→识别梁→识别柱→识别墙→识别板

　　D. 导入 CAD 电子图→识别轴网→识别柱→识别板→识别梁→识别墙

3. 在 GTJ2021 中 CAD 功能不可识别的构件有（　　）。

　　A. 柱、梁　　　　　　　　　　　　B. 砌体墙和混凝土墙

　　C. 门窗洞　　　　　　　　　　　　D. 楼梯

4. 在导 CAD 工程图的时候，发现导过来的图和以前已经导入过来的图位置是错开的，例如导过来的墙和柱是错位的，应利用（　　）功能操作。

　　A. 偏移　　　　　　B. 对齐　　　　　　C. 移动　　　　　　D. 定位

二、技能操作题

利用 CAD 识别完成图纸工程的建模及算量工作。

模块二

工程量清单编制及工程计价

　　模块二主要讲解如何运用广联达云计价平台 GCCP6.0 软件进行工程量清单的编制和工程计价工作。通过本模块内容的学习，同学们要学会运用软件进行招标控制价和投标报价的编制。

　　在学习本部分内容之前对同学们提出几点要求：

　　（1）具有敏锐的市场洞察力

　　作为一名优秀的造价人员要坚持观察国内外工程经济动态，长期关注国家方针政策和法律法规的变化，注意积累自己做过或他人做过（不涉密的情况下）的工程技术资料，并把有用数据及时保存，以备随时调用、分析和参考。

　　（2）具有保密意识

　　投标报价属于企业商业机密，报价人员要遵守职业道德，具有保密意识，不得以任何形式向他人披露所在企业商业秘密。

　　最后，希望同学们在学习和工作过程中要科学严谨，勇于创新，树立终身学习理念，善于从实践中发现问题并运用新技术去解决问题。

任务17 工程量清单编制及工程计价

素质目标

- 具有科学严谨的工作作风，报价过程不丢项落项，能够准确完整地进行工程量清单组价；
- 具有敏锐的市场洞察力，能够根据市场变化对分项工程价格做出正确判断；
- 遵守职业道德，不泄露企业商业机密

知识目标

- 掌握计价软件计价流程；
- 掌握工程量清单的编制方法；
- 掌握定额换算方法；
- 掌握价格调整方法；
- 掌握报表编辑和打印方法

技能目标

- 会编制工程量清单；
- 会对工程量清单进行组价；
- 能够根据实际情况进行综合单价的调整；
- 会编辑报表并以Excel或者PDF格式进行输出

任务说明

应用广联达云计价平台 GCCP6.0 软件在案例工程中进行工程量清单的编制和工程计价。

学习任务 17.1 梳理工程概况及工程量清单计价流程

 学习任务描述

梳理工程概况；
理清投标报价编制流程

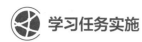 **学习任务实施**

17.1.1 梳理工程概况

本工程为石家庄某学校综合楼工程，框架结构，地下1层、地上4层，建筑面积为9623.44m²，其中地下室面积为2846m²。该工程造价计算依据《河北省建设工程工程量清单编制与计价规程》(2013)、《全国统一建筑工程基础定额 河北省消耗量定额》(2012)和《全国统一建筑装饰装修工程消耗量定额 河北省消耗量定额》(2012)。

17.1.2 厘清投标报价编制流程

① 新建投标项目。

② 编制单位工程分部分项工程量清单计价。包括套定额子目、输入子目工程量、子目换算、设置单价构成。

③ 编制措施项目清单计价。包括计算公式组价、定额组价、实物量组价三种方式。

④ 编制其他项目清单计价。

⑤ 人材机汇总。包括调整人材机价格，设置甲供材料、设备。

⑥ 查看单位工程费用汇总。包括调整计价程序、工程造价调整。

⑦ 查看报表。

⑧ 汇总项目总价。包括查看项目总价、调整项目总价。

⑨ 生成电子标书。包括符合性检查、投标书自检、生成电子投标书、打印报表、刻录及导出电子标书。

17.1　工程量清单计价案例工程示例

学习任务 17.2　新建投标项目

 学习任务描述

在"广联达云计价平台 GCCP6.0"中新建工程；

在软件中输入案例工程概况；

在软件中对案例工程进行取费设置

 学习任务实施

17.2.1 在"广联达云计价平台GCCP6.0"中新建工程

（1）打开软件

双击桌面图标，打开"广联达云计价平台 GCCP6.0"软件。软件会启动文件管理界面，如图 17.1 所示。

图 17.1 文件管理界面

17.2 新建工程基本设置

（2）新建投标项目

在文件管理界面选择"新建预算"，点击【新建预算】→【投标项目】，按照石家庄某学校综合楼工程的工程概况输入相关信息，如图 17.2 所示。

图 17.2 新建投标项目界面

（3）编辑投标项目

点击【立即新建】进入预算书编辑界面，如图 17.3 所示。

17.2.2 在软件中输入案例工程概况

输入工程概况。将"单项工程"重命名为"石家庄某学校综合楼"，鼠标单击【单位工程】，选择"建筑工程"，可以看到建筑工程由"造价分析""工程概况"等八个部分构成，如图 17.4 所示。下面具体介绍"造价分析""工程概况"部分内容及输入内容。

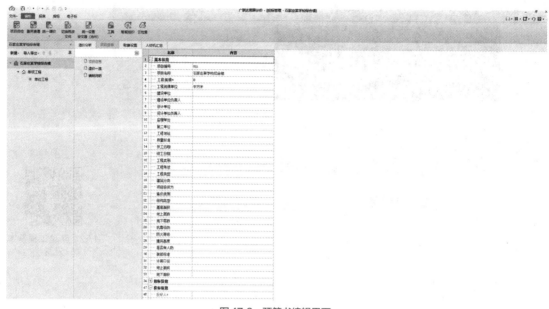

图 17.3　预算书编辑界面

图 17.4　单位工程界面构成

（1）输入"造价分析"部分的内容

本部分内容在"分部分项""措施项目"和"其他项目"内容输入前均为"0"，如图 17.5 所示，输入了以上三部分内容后，"造价分析"所有数据将对应显示，如图 17.6 所示。

序号	名称	内容
1	工程总造价(小写)	0.00
2	工程总造价(大写)	零元整
3	单方造价	0.00
4	分部分项工程量清单项目费	0
5	其中:人工费	0
6	材料费	0
7	机械费	0
8	设备费	0
9	主材费	0
10	管理费	0
11	利润	0
12	措施项目费	0
13	其他项目费	0
14	规费	0
15	进项税额	0
16	销项税额	0
17	增值税应纳税额	0
18	附加税费	0
19	税金	0

三材汇总表

序号	名称	单位	数量
1	钢材	吨	0
2	其中:钢筋	吨	0
3	木材	立方米	0
4	水泥	吨	0
5	商品混凝土	立方米	0
6	商品砂浆	立方米	0

图 17.5　造价分析

序号	名称	内容
1	工程总造价(小写)	23,066,440.60
2	工程总造价(大写)	贰仟叁佰零陆万肆仟肆佰肆拾元陆角
3	单方造价	2396.90
4	分部分项工程量清单项目费	17287097.64
5	其中:人工费	3120079.94
6	材料费	12704089.73
7	机械费	496665.83
8	设备费	0
9	主材费	0
10	管理费	589264.97
11	利润	377029.62
12	措施项目费	3297482.39
13	其他项目费	0
14	规费	782080.19
15	进项税额	1608565.93
16	销项税额	2091028.02
17	增值税应纳税额	482462.09
18	附加税费	65132.38
19	税金	547594.47

三材汇总表

序号	名称	单位	数量
1	钢材	吨	779.5
2	其中:钢筋	吨	778.28
3	木材	立方米	1.3
4	水泥	吨	185.79
5	商品混凝土	立方米	7323.82
6	商品砂浆	立方米	0

图 17.6　造价分析（完成工程后）

（2）输入"工程概况"部分的内容

工程概况包括"工程信息""工程特征"和"编制说明"，相关信息按照前面的项目概况填写，如图 17.7、图 17.8 所示。

| 造价分析 | 工程概况 | 取费设置 | 分部分项 | 措施项目 | 其他项目 | 人材机汇总 | 费用汇总 |

		名称	内容
工程信息	1	工程名称	石家庄某学校综合楼
工程特征	2	专业	土建工程
编制说明	3	清单编制依据	工程量清单项目计量规范(2013-河北)
	4	定额编制依据	全国统一建筑工程基础定额河北省消耗量定额（20…
	5	编制时间	
	6	编制人	
	7	审核人	

图 17.7　工程信息

| 造价分析 | 工程概况 | 取费设置 | 分部分项 | 措施项目 | 其他项目 | 人材机汇总 | 费用汇总 |

		名称	内容
工程信息	1	工程类型	公共建筑
工程特征	2	结构类型	框架结构
编制说明	3	基础类型	
	4	建筑特征	
	5	工程规模	9623.44
	6	工程规模单位	平方米
	7	其中地下室建筑面积(m²)	2846
	8	设备管道夹层面积(m²)使用GB/T50353-2005面积时输入	
	9	总层数	5
	10	地下室层数(+/-0.00以下)	1
	11	建筑层数(+/-0.00以上)	4
	12	建筑物总高度(m)	
	13	首层高度(m)	
	14	裙楼高度(m)	
	15	楼地面材料及装饰	
	16	外墙材料及装饰	
	17	屋面材料及装饰	
	18	门窗材料及装饰	

图 17.8　工程特征

17.2.3　在软件中对案例工程进行取费设置

取费设置分为三部分内容，分别是"费用条件""费率"和"政策文件"。根据项目要求输入各项信息，如图 17.9 所示。

"费用条件"中相关信息按照项目要求输入即可。"费率"中"管理费""利润"等项目都可以修改，双击数字即可修改，修改后底色将从白色变为黄色，从图 17.9 中可以看出此工程中钢结构部分的管理费和利润进行了修改，所有附加税费均进行了修改。"政策文件"中需要选取取费所需文件，选哪一个就在其后面打"√"即可。

造价分析　工程概况　**取费设置**　分部分项　措施项目　其他项目　人材机汇总　费用汇总

费用条件　　　　　　**费率**　□ 恢复到系统默认　□ 查询费率信息

	名称	内容
1	工程类别	一类工程
2	纳税地区	市区
3	工程所在地	市区
4	人工费调整地区	石家庄
5	临路费数	不临路
6	建筑面积	10000m²以下
7	预制率	15%≤预制率<30%
8	市政工程造价	5000万元以下

	取费专业	管理费(%)	利润(%)	规费(%)	安全生产、文明施工费(%) 基本费	增加费	附加税费(%)
✓ 1	一般土建工程	25	14	21.8	5.88	0	13.5
2	钢结构工程	17.5	9.8	21.8	5.88	0	13.5
✓ 3	土石方工程	4	4	6.1	5.88	0	13.5
4	预制桩工程	8	7	14.8	5.88	0	13.5
5	灌注桩工程	9	8	14.8	5.88	0	13.5
✓ 6	装饰工程	16	13	17.4	4.36	0	13.5
7	装配式混凝土结构工程	25	14	21.8	5.88	0	13.5

政策文件

	说明	简费说明	发布日期	执行日期	执行	文件内容	备注
1	□ 人工费调整						
2	2020年下半年综合用工指导价（石建价信(2021)1号)	关于发布2020年下半年综合用工指导价的通知	2021-02-01	2020-07-01	□	查看文件	
3	2020年上半年综合用工指导价（石建价信(2020)2号)	关于发布2020年上半年综合用工指导价的通知	2020-07-01	2020-01-01	□	查看文件	
4	2019综合用工指导价（石建价信(2020)1号)	关于发布2019年建设工程综合用工指导价的通知	2020-03-10	2019-01-01	□	查看文件	
5	2018年下半年综合用工指导价（石建价信(2019)1号)	关于发布石家庄市2018年下半年建设工程综合用工指导价的通知	2019-10-28	2018-07-01	□	查看文件	
6	2018年上半年综合用工指导价（石建价信(2018)1号)	关于发布石家庄市2018年上半年综合用工指导价的通知	2018-11-21	2018-01-01	☑	查看文件	
7	2015年上半年综合用工指导价（石建价信【2015】6号)	关于发布石家庄2015年上半年建筑市场综合用工指导价的通知	2015-10-13	2015-01-01	□	查看文件	
8	2014年下半年综合用工指导价（石建价信【2015】2号)	关于发布建筑市场综合用工指导价的通知	2015-04-01	2014-07-01	□	查看文件	
9	2014年上半年综合用工指导价（冀建价信【2014】47号)	关于印发2014年上半年各市建筑市场综合用工指导价审核结果的通知	2014-09-11	2014-01-01	□	查看文件	
10	2013年下半年综合用工指导价（冀建价信【2014】10号)	关于印发2013年下半年各市建筑市场综合用工指导价审核结果的通知	2014-02-28	2013-07-01	□	查看文件	
11	安防费费率调整						
12	冀建工（2017）78号文	关于调整安全生产文明施工费费率的通知	2017-08-30	2017-09-01	☑	查看文件	
13	冀建市（2015）11号文	关于调整安全文明施工费的通知	2015-07-02	2015-07-15	□	查看文件	

图 17.9　取费设置

学习任务 17.3　编制分部分项工程项目清单

 学习任务描述

输入分部分项工程量清单项；
输入清单工程量；
描述工程量清单项目特征；
分部整理工程量清单

 学习任务实施

选择单位工程"石家庄某学校综合楼"，如图 17.10 所示，点击【分部分项】，如图 17.11 所示；软件会进入单位工程分部分项工程编辑主界面。

图 17.10　单位工程

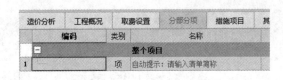

图 17.11　"分部分项"界面

17.3　分部分项工程
项目输入

17.3.1　输入分部分项工程量清单项

以石家庄某学校综合楼工程中第 3 行的"带形基础"为例，如图 17.12 所示。

图 17.12　案例工程中"带形基础"清单项

（1）查询输入分部分项工程清单项

在"编码"行双击鼠标左键，或者点击图 17.13 上部菜单中"查询"命令中的【查询清单指引】，弹出"查询"对话框后，点击"清单指引"下的【混凝土及钢筋混凝土工程】→【带形基础】，右侧会出现可能对应的定额，选择定额"A4-162"和"A4-314"，如图 17.14 所示；点击【插入清单】，之后会弹出两个换算窗口，换算操作在后面讲解，所以直接点击【取消】即可，那么，一个清单项就输入好了，如图 17.15 所示。

图 17.13　"查询"命令

图 17.14　查询界面

造价分析 | 工程概况 | 取费设置 | 分部分项 | 措施项目 | 其他项目 | 人材机汇总 | 费用汇总

	编码	类别	名称	项目特征	单位	含量	工程量	单价	合价	综合单价	综合合价	单价构成文件	施工组织措施类别	备注
	−		整个项目								316.77			
1	− 010501002001	项	带形基础		m^3		1			316.77	316.77	[一般土建工程]		
	A4-162	定	预拌混凝土(现浇) 带形基础 无筋混凝土		$10m^3$	0.1	0.1	2891.45	289.15	2980.52	298.05	一般土建工程	土建工程	
	A4-314	定	混凝土输送泵 檐高(深度)40m以内		$10m^3$	0.1	0.1	157.95	15.8	187.22	18.72	一般土建工程	土建工程	

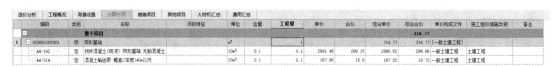

图 17.15 清单输入

（2）按编码输入分部分项工程清单项

单击鼠标左键，在空行的编码列输入“010501002001”，在本行清单项点击鼠标右键，点击【插入子目】，会在此清单项下出现一行空行，输入“A4-162”，同样操作再插入空行，输入“A4-314”，如图 17.16 所示。

造价分析 | 工程概况 | 取费设置 | 分部分项 | 措施项目 | 其他项目 | 人材机汇总 | 费用汇总

	编码	类别	名称	项目特征	单位	含量	工程量	单价	合价	综合单价	综合合价	单价构成文件	施工组织措施类别	备注
	−		整个项目								316.77			
1	− 010501002001	项	带形基础		m^3		1			316.77	316.77	[一般土建工程]		
	A4-162	定	预拌混凝土(现浇) 带形基础 无筋混凝土		$10m^3$	0.1	0.1	2891.45	289.15	2980.52	298.05	一般土建工程	土建工程	
	A4-314	定	混凝土输送泵 檐高(深度)40m以内		$10m^3$	0.1	0.1	157.95	15.8	187.22	18.72	一般土建工程	土建工程	

图 17.16 带形基础清单项

（3）简码输入分部分项工程清单项

对于 010501002001 带形基础清单项，输入“1-5-1-2”即可。清单的前九位编码可以分为四级，附录顺序码“01”，专业工程顺序码“05”，分部工程顺序码“01”，分项工程项目名称顺序码“002”，软件对项目编码进行简码输入，提高输入速度，其中清单项目名称顺序码“001”由软件自动生成。

同理，如果清单项的附录顺序码、专业工程顺序码等相同，则只需输入后面不同的编码即可。例如，对于 010502003001 异形柱清单项，只需输入“2-3”回车即可，因为它的附录顺序码“01”、专业工程顺序码“05”和前一条带形基础清单项一致，如图 17.17 所示。输入两位编码“2-3”，点击回车键，软件会保留前一条清单的前两位编码“1-5”。

造价分析 | 工程概况 | 取费设置 | 分部分项 | 措施项目 | 其他项目 | 人材机汇总 | 费用汇总

	编码	类别	名称	项目特征	单位	含量	工程量	单价	合价	综合单价	综合合价	单价构成文件	施工组织措施类别	备注
	−		整个项目								316.77			
1	− 010501002001	项	带形基础		m^3		1			316.77	316.77	[一般土建工程]		
	A4-162	定	预拌混凝土(现浇) 带形基础 无筋混凝土		$10m^3$	0.1	0.1	2891.45	289.15	2980.52	298.05	一般土建工程	土建工程	
	A4-314	定	混凝土输送泵 檐高(深度)40m以内		$10m^3$	0.1	0.1	157.95	15.8	187.22	18.72	一般土建工程	土建工程	
2	010502003001	项	异形柱		m^3		1			0	0	[一般土建工程]		

图 17.17 异形柱输入

在实际工程中，编码相似也就是章节相近的清单项一般都是连在一起的，所以用简码输入方式处理起来更方便快速。

（4）补充清单项输入

以补充的“黑板”清单项为例，如图 17.18 所示。

17.4 补充清单项编辑

	编码	类别	名称	项目特征	单位	含量	工程量	单价	合价	综合单价	综合合价	单价构成文件	施工组织措施类别	备注
B1	−		补充分部								336829	[一般土建工一		
1	− 010101B01001	补项	黑板	黑板参见11J934-2-B5、12J7-2-46-1 1.长4000*高1200，距地1100	块		31			700	21700	[一般土建工程]		
	补子目7	补	黑板		块	1	31	700	21700	700	21700	一般土建工程	土建工程	

图 17.18 “黑板”补充清单项

在编码列输入“B-1”，名称列输入清单项名称“黑板”，单位为“块”，即可补充一条清单项。如图 17.19 所示。

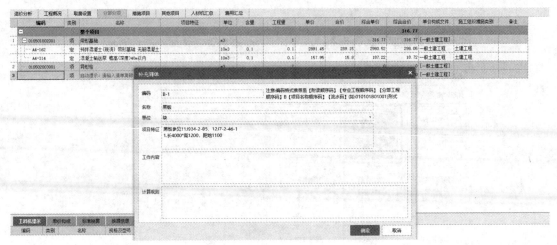

图 17.19 补充"黑板"清单项输入

编码可根据项目或者编制人的要求进行编写，例如可以将"黑板"编码编为"010101B01001"
进行输入。

17.3.2 输入清单工程量

（1）直接输入清单工程量

带形基础，在工程量列输入"336.44"，如图 17.20 所示。

			整个项目		m³		336.44		316.77	106574.1	[一般土建工程]
1		010501002001	项	带形基础							

图 17.20 带形基础工程量输入

（2）图元公式输入清单工程量

以图 17.21"挖基础土方"为例。选择"挖基础土方"清单项，双击
"工程量表达式"单元格，使单元格数字处于编辑状态，即光标闪动状态。
点击右上角【工具】按钮中 "图元公式"。在"图元公式"对话框中选
择公式类别为"体积公式"，图元选择"2.2 长方体体积"，输入参数值如
图 17.22 所示。

17.5 分部分项工程
项目编辑

1	— 010101001001	项	平整场地	m²	4211	4211
2	— 010101003001	项	挖基础土方	m²	7176	7176

图 17.21 挖基础土方清单项

点击【确定】，退出"图元公式"对话框，清单这一行工程量结果如图 17.21 所示。

提示

如果界面不显示"工程量表达式"单元格，可将鼠标放置在最上面一行点击右键，选择

"页面显示列设置",则会出现如图 17.23 界面,勾选"工程量表达式"即可,如果想显示其他项目则勾选就可以。

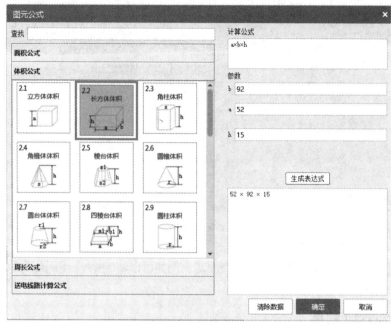

图 17.22　图元公式

图 17.23　"页面显示列设置"界面

(3)编辑工程量表达式

以石家庄某学校综合楼工程中的"填充墙"清单项为例,将原来的"490.06"增加"20",

双击"工程量表达式"单元格，点击按钮 ⋯ ，在弹出的"编辑工程量表达式"对话框中点击【追加】按钮，输入"+20"，点击【确定】，如图 17.24 所示。

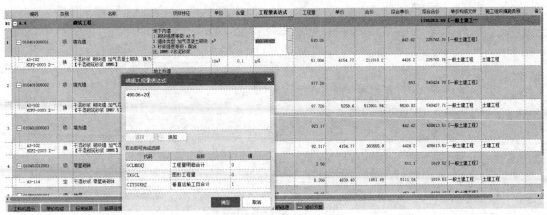

图 17.24　编辑工程量表达式

17.3.3　描述工程量清单项目特征

17.6　清单名称及
特征描述

① 项目特征输入清单名称。选择石家庄某学校综合楼工程中"挖一般土方"清单项，如图 17.25 所示。

图 17.25　"挖一般土方"清单项

点击下方【特征及内容】，按照工程和图纸相关信息填写"特征值"，需要在清单项中显示的"输出"处打钩，如图 17.26 所示。

图 17.26　"挖一般土方"工程"特征及内容"界面

如果需要补充"特征值"以外的特征，点击清单项中"项目特征"的按钮 ⋯ ，出现如图 17.27 所示对话框，在"项目特征"框内进行补充即可。

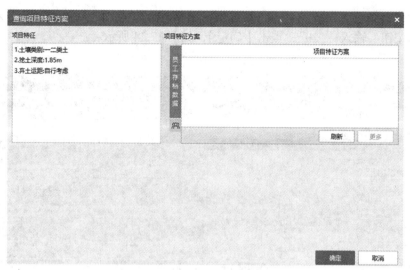

图 17.27　项目特征编辑界面

② 点击右下角【项目特征选项】按钮，然后在"添加位置"处选择"添加到清单名称列"，点击【应用规则到全部清单】，如图 17.28 所示。

图 17.28　项目特征选项界面

软件会把项目特征信息输入到项目名称中，如图 17.29 所示。

	编码	类别	名称	项目特征	单位	含量	工程量表达式	工程量
	└A1-228	定	机械 平整场地 推土机		1000m²	0.001	QDL	2.73028
2	⊟010101002001	项	挖一般土方 1.土壤类别:一二类土 2.挖土深度:1.85m 3.弃土运距:自行考虑	…	m³		16172.72	16172.72

图 17.29　项目特征显示在名称列

17.3.4　分部整理工程量清单

在上部功能区"清单整理"选择"分部整理"，在弹出的"分部整理"对话框勾选"需要章分部标题"，如图 17.30 所示。

点击"分部整理"，软件会按照《建设工程工程量清单计价规范》的章节编排增加分部行，并建立分部行和清单行的归属关系，如图 17.31 所示。

在分部整理后，补充的清单项会自动生成一个分部为"补充分部"，如果想要编辑补充清单项的归属关系，在页面点击鼠标右键选中"页面显示列设置"，在弹出的对话框中对"指定专业章节位置"进行勾选，点击【确定】，如图 17.32 所示。

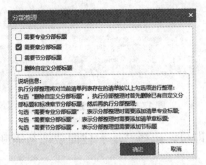

图 17.30 "分部整理"对话框

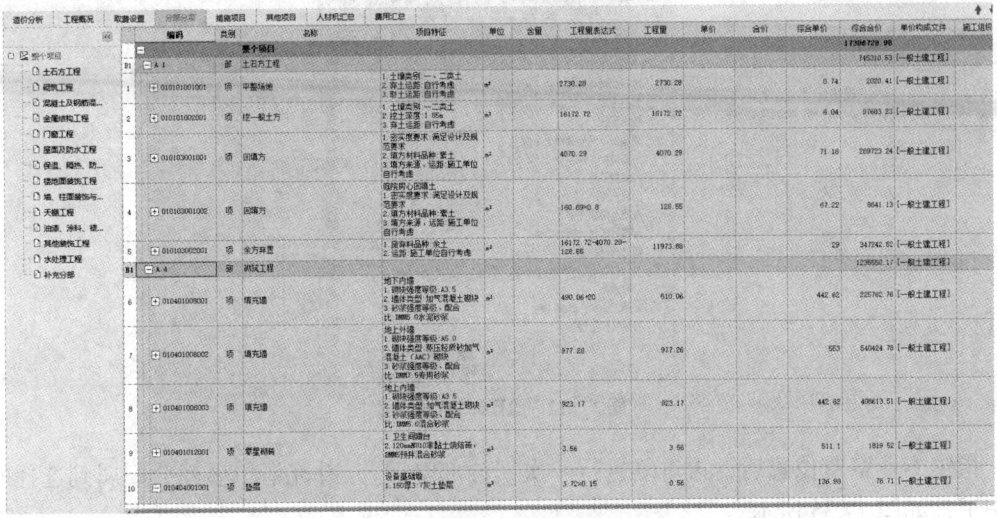

图 17.31 分部整理后的工程

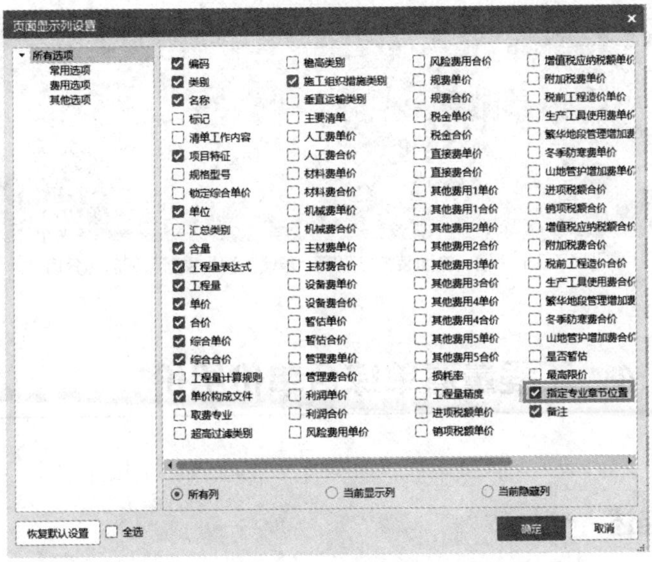

图 17.32 设置"指定专业章节位置"

以石家庄某学校综合楼工程文件里的补充分部里的"黑板"分项为例，假设将"黑板"分项放到"墙、柱面装饰与隔断、幕墙工程"分部里，在页面就会出现"指定专业章节位置"

一列（将水平滑块向后拉），点击单元格，出现按钮⋯，如图 17.33 所示。

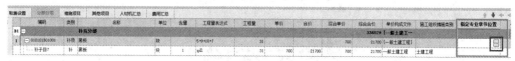

图 17.33　指定专业章节位置

点击按钮⋯，选择章节即可，选择"墙、柱面装饰与隔断、幕墙工程"中，点击【确定】，如图 17.34 所示。

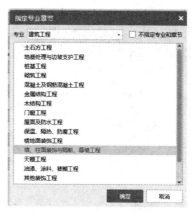

图 17.34　放置补充清单位置

指定专业章节位置后，再重复进行一次"分部整理"，补充清单项就会归属到选择的章节中了，如图 17.35 所示。

图 17.35　"墙、柱面装饰与隔断、幕墙工程"重新整理后的分项

学习任务 17.4　工程量清单综合单价组价

学习任务描述

设置工程量清单组价；

在工程量清单项下输入定额子目；

输入定额子目工程量；

定额换算；

在软件中设置单价构成

 学习任务实施

17.4.1　设置工程量清单组价

在进行工程量清单组价前，可以先进行设置，点击左上角【文件】按钮，选择"选项"，便出现如图 17.36 所示的"选项"对话框。

17.4.2　在工程量清单项下输入定额子目

（1）内容指引输入定额子目

点击"分部分项"中【插入清单】会出现一个空白的清单行，双击编码进入"查询"界面，以输入"平整场地"组价为例，在"查询"界面选择"清单指引"，双击"平整场地"清单项，右侧会出现相匹配的定额子目，按照工程要求选择需要的子目即可，如图 17.37 所示。

图 17.36　"选项"对话框

17.7　软件"选项"设置

点击【插入清单】，软件即可完成该清单项目的组价，输入子目工程量如图 17.38 所示。

提示

定额子目在输入工程量时和清单输入方法相同，如果直接在"工程量"列下输入实际值，回车后软件会自动除以前面的定额单位。

图 17.37 "清单指引"界面

图 17.38 组价后的"平整场地"清单项

（2）直接输入定额子目

在石家庄某学校综合楼工程中选择"平整场地"清单，点击鼠标右键，选择"插入子目"，就可以插入一个空行，在空行的编码列输入定额子目"A1-228"，工程量输入"2730.28"即可，如图 17.39 所示。

图 17.39 直接输入定额子目

提示

输入完子目编码后，敲击回车，光标会跳格到工程量列，再次敲击回车，软件会在子目下插入一空行，光标自动跳格到空行的编码列，这样能通过回车键快速切换。

（3）查询输入定额子目

在石家庄某学校综合楼工程中选择"平整场地"清单下的空行，在"编码"列双击鼠标左键，出现如图 17.40 所示的"查询"对话框，按照前面"（1）内容指引输入定额子目"操作即可。

（4）补充定额子目

在石家庄某学校综合楼工程中选择"平整场地"清单下的空行，点击鼠标右键，选择

"补充"→"子目", 弹出如图 17.41 所示的"补充子目"对话框, 在此输入相关信息, 点击【确定】, 即可补充子目。

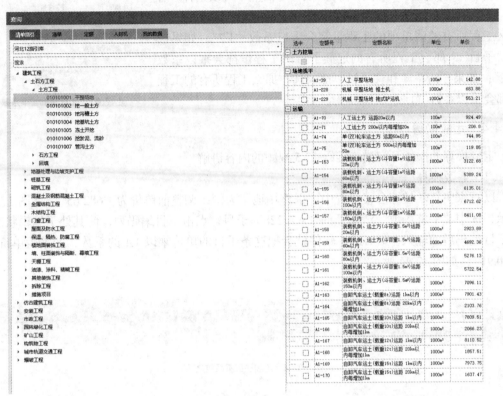

图 17.40 "查询"对话框

图 17.41 "补充子目"对话框

17.4.3 输入定额子目工程量

输入定额子目工程量的输入方法与工程量清单项目工程量的输入方法相同, 具体可参考前面"17.4.1 设置工程量清单组价", 如果要对整个项目工程量进行修改, 可以使用"工程量批量乘系数"命令。

点击上部功能区【其他】按钮，选择"工程量批量乘系数"，会弹出如图 17.42 所示的对话框，对话框中可以选择"清单"或"子目"，如果选择"清单"，"工程量乘系数"输入"1.2"，那么工程所有的清单项的工程量都会乘以系数"1.2"；如果选择"子目"，那么工程所有的定额子目的工程量都会乘以系数"1.2"；如果"清单"和"子目"都勾选，那么工程所有的工程量都会乘以系数"1.2"。

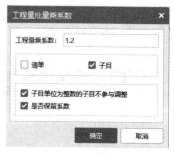

图 17.42　工程量批量乘系数

17.4.4　定额换算

定额换算的操作可扫描二维码 17.5 视频的内容讲解。

（1）系数换算

以石家庄某学校综合楼工程中"平整场地"为例，调整前单价为"682.65"，如图 17.43 所示，选中"平整场地"清单下的"A1-228"子目，点击子目编码列，使其处于编辑状态，在子目编码后面输入"×1.1"，软件就会把这条子目的单价乘以 1.1 的系数，调整后单价为"750.91"，如图 17.44 所示。

	编码	类别	名称	项目特征	单位	含量	工程量表达式	工程量	单价	合价	综合单价
	▲.1		土石方工程								
1	010101001001	项	平整场地	1.土壤类别 一、二类土 2.弃土运距 自行考虑 3.取土运距 自行考虑	m²			2730.28	2730.28		0.74
	A1-228	定	机械 平整场地 推土机		1000m²	0.001	QDL	2.73028	682.65	1863.83	737.37

图 17.43　定额子目乘系数之前

	编码	类别	名称	项目特征	单位	含量	工程量表达式	工程量	单价	合价	综合单价	综合合价
1	▲.1		土石方工程									745501.65
	010101001001	项	平整场地	1.土壤类别 一、二类土 2.弃土运距 自行考虑 3.取土运距 自行考虑	m²			2730.28			0.81	2211.53
	A1-228 ×1.1	换	机械 平整场地 推土机 单价×1.1		1000m²	0.001	QDL	2.73028	750.91	2050.19	811.09	2214.5

图 17.44　定额子目乘系数之后

（2）标准换算

以石家庄某学校综合楼工程中"带形基础"中"A4-162"的换算为例，先插入空白子目行，输入"A4-162"，不进行任何换算，如图 17.45 所示。点击下方【标准换算】，将预拌混凝土 C20 换算成 C30，如图 17.46 所示；将"预拌混凝土 C30"市场价改为"395"，如图 17.47 所示。

	编码	类别	名称	项目特征	单位	含量	工程量表达式	工程量	单价
3	010501002001	项	带形基础	1.混凝土种类：预拌混凝土 2.混凝土强度等级:C30密实防水无收缩 3.抗渗等级：P6 4.泵送	m³			336.44	336.44
	A4-162 HBB9-0003 BB9-0005	换	预拌混凝土(现浇) 带形基础 无筋混凝土 换为【预拌混凝土 C30】		10m³	0.1	QDL	33.644	4494.73
	A4-314	定	混凝土输送泵 檐高(深度)40m以内		10m³	0.1	QDL	33.644	163.21
	A4-162	定	预拌混凝土(现浇) 带形基础 无筋混凝土		10m³	0.1	QDL	33.644	4133.11

图 17.45　定额 "A4-162" 换算前

图 17.46　混凝土标号换算后

图 17.47　调整预拌混凝土 C30 价格

通过两种换算后，"A4-162"单价变为"4494.73"，与石家庄某学校综合楼工程中的将混凝土换算为 C30 预拌混凝土后价格相同，如图 17.48 所示。

图 17.48　定额"A4-162"换算后

说明

"标准换算"可以处理的换算内容包括：定额书中的章节说明、附注信息，混凝土、砂浆标号换算，运距、板厚换算。在实际工作中，大部分换算都可以通过"标准换算"来完成。

17.4.5　在软件中设置单价构成

在下方功能区点击【单价构成】，如图 17.49 所示。

图 17.49　"单价构成"界面

假设将"企业管理费"的"费率"从原来的"4"调成"5"，直接修改为"5"即可，如图 17.50 所示。

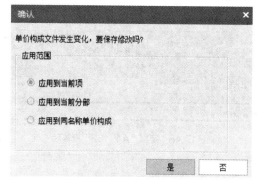

图 17.50 调整企业管理费费率

此时，软件会出现一个提示，如图 17.51 所示，根据项目需要选择应用范围即可，软件会按照设置后的费率重新计算清单的综合单价。

图 17.51 调整费率应用范围

学习任务 17.5 编制措施项目清单

 学习任务描述

编制单价措施项目清单；
编制其他总价措施项目清单

 学习任务实施

措施项目分为其他总价措施项目和单价措施项目，如图 17.52 所示。

图 17.52　措施项目编制界面

17.5.1　编制单价措施项目清单

单价措施项目清单编制以"模板"项目为例，编制方法与分部分项工程基本相同。首先，在"单价措施项目"行单击鼠标右键，选择"插入清单"，双击空白行出现"查询"对话框，如图 17.53 所示，按照分部分项中"17.3.1 输入分部分项工程量清单项"操作即可。

图 17.53　单价措施费输入

17.8　单价措施项目输入

17.5.2　编制其他总价措施项目清单

点击上部功能区【自动计算措施费用】，如图 17.54 所示。

图 17.54　自动计算措施项目

17.9　其他总价措施项目输入

出现如图 17.55 所示的"自动计算措施费用"界面，根据工程实际情况要求勾选选项，然后点击【自动计算】，则软件会自动计算其他总价措施项目，计算完后的其他总价措施项目如石家庄某学校综合楼工程中的措施项目，如图 17.56 所示。

措施项目的组价和定额子目的输入同分部分项工程操作步骤，在此不再赘述。

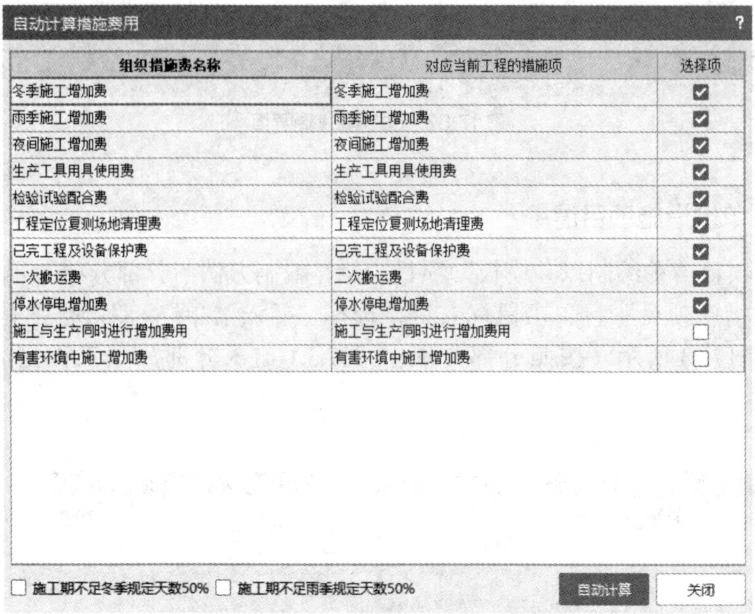

自动计算措施费用

组织措施费名称	对应当前工程的措施项	选择项
冬季施工增加费	冬季施工增加费	☑
雨季施工增加费	雨季施工增加费	☑
夜间施工增加费	夜间施工增加费	☑
生产工具用具使用费	生产工具用具使用费	☑
检验试验配合费	检验试验配合费	☑
工程定位复测场地清理费	工程定位复测场地清理费	☑
已完工程及设备保护费	已完工程及设备保护费	☑
二次搬运费	二次搬运费	☑
停水停电增加费	停水停电增加费	☑
施工与生产同时进行增加费用	施工与生产同时进行增加费用	☐
有害环境中施工增加费	有害环境中施工增加费	☐

☐ 施工期不足冬季规定天数50%　☐ 施工期不足雨季规定天数50%　　**自动计算**　**关闭**

图 17.55　自动计算措施项目界面

图 17.56　自动计算完措施项目后的界面

学习任务 17.6　编制其他项目清单

学习任务描述

输入暂列金额；

输入计日工费用

17.10　其他项目费编辑

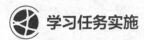 **学习任务实施**

其他项目包括：暂列金额、暂估价、总承包服务费及计日工。

软件中其他项目清单如图 17.57 所示。

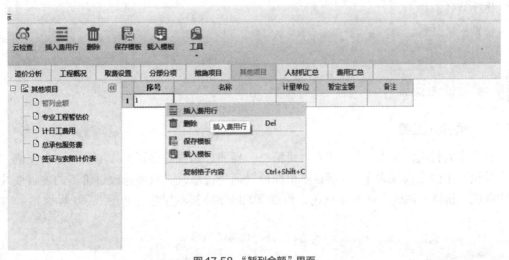

图 17.57 其他项目清单编辑界面

在各个分项的其他项目中输入信息后，在图 17.57 的界面就可以显示相关联的内容。

17.6.1 输入暂列金额

点击【其他项目】，在"其他项目"中选择"暂列金额"，在"序号"列空行点击鼠标右键，选择"插入费用行"，如图 17.58 所示，按照项目要求在表中输入相关信息即可。

图 17.58 "暂列金额"界面

"专业工程暂估价"输入方法同"暂列金额"。

17.6.2 输入计日工费用

点击【其他项目】，在"其他项目"中选择"计日工费用"，在"序号"列的二级标题下（例如"1.1"处）空行点击鼠标右键，选择"插入费用行"，如图 17.59 所示，按照项目要求在表中输入相关信息即可。

图 17.59 "计日工费用"界面

学习任务 17.7　人材机汇总

 学习任务描述

调整人工费；
修改材料价格；
设置甲供材料

 学习任务实施

17.7.1　调整人工费

点击【人材机汇总】，进入"人材机汇总"界面，如果需要调整人工费，点击左侧"所有人材机"中的【人工表】，直接在"市场价"列进行修改，只要修改过价格的项目底纹将变成黄色，价格上调的字体显示红色，价格下调的字体显示绿色，如图 17.60 所示。

	编码	类别	名称	规格型号	单位	数量	预算价	市场价	价格来源	市场价合计
1	10000001	人	综合用工一类		工日	14785.9589	70	85	2018年上半年综合用工指导价（石建价信〔2018〕1号）	1256806.51
2	10000001@1	人	综合用工一类		工日	31.1471	70	85	2018年上半年综合用工指导价（石建价信〔2018〕1号）	2647.5
3	10000002	人	综合用工二类		工日	35391.9414	60	73	2018年上半年综合用工指导价（石建价信〔2018〕1号）	2583611.72
4	10000002@1	人	综合用工二类		工日	0.0717	60	73	2018年上半年综合用工指导价（石建价信〔2018〕1号）	5.23
5	10000003	人	综合用工三类		工日	2875.745	47	57	2018年上半年综合用工指导价（石建价信〔2018〕1号）	163917.47

图 17.60　人工费修改界面

17.11　人材机汇总中调价

17.7.2 修改材料价格

在"人材机汇总"界面，如果需要调整材料费，点击左侧"所有人材机"下的【材料表】，直接在"市场价"列进行修改，只要修改过价格的项目底纹将变成黄色，价格上调的字体显示红色，价格下调的字体显示绿色，如图17.61所示。

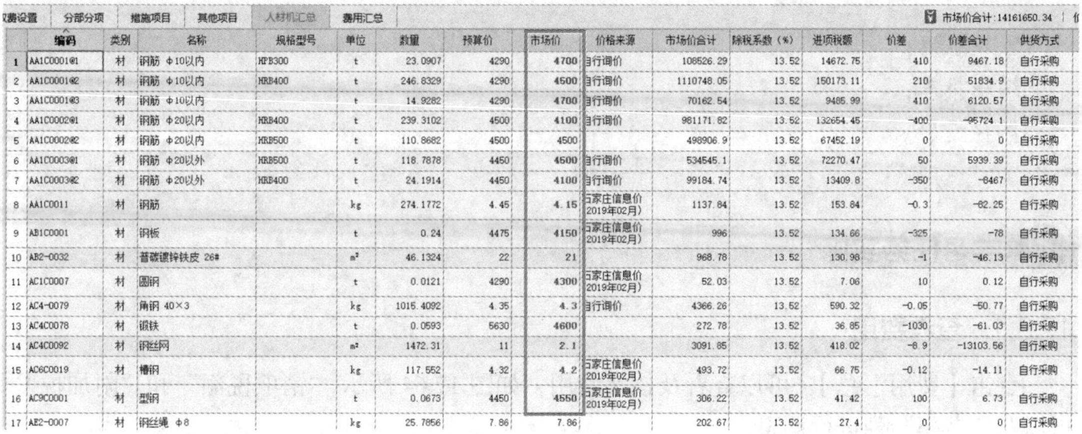

	编码	类别	名称	规格型号	单位	数量	预算价	市场价	价格来源	市场价合计	除税系数（%）	进项税额	价差	价差合计	供货方式
1	AA1C0001@1	材	钢筋 Φ10以内	HPB300	t	23.0907	4290	4700	自行询价	108526.29	13.52	14672.75	410	9467.18	自行采购
2	AA1C0001@2	材	钢筋 Φ10以内	HRB400	t	246.8329	4290	4500	自行询价	1110748.05	13.52	150173.11	210	51834.9	自行采购
3	AA1C0001@3	材	钢筋 Φ10以内		t	14.9282	4290	4700	自行询价	70162.54	13.52	9486.99	410	6120.57	自行采购
4	AA1C0002@1	材	钢筋 Φ20以内	HRB400	t	239.3102	4500	4100	自行询价	981171.82	13.52	132654.45	-400	-95724.1	自行采购
5	AA1C0002@2	材	钢筋 Φ20以内	HRB500	t	110.8682	4500	4500		498906.9	13.52	67452.19	0	0	自行采购
6	AA1C0003@1	材	钢筋 Φ20以外	HRB500	t	118.7878	4450	4500	自行询价	534545.1	13.52	72270.47	50	5939.39	自行采购
7	AA1C0003@2	材	钢筋 Φ20以外	HRB400	t	24.1914	4450	4100	自行询价	99184.74	13.52	13409.8	-350	-8467	自行采购
8	AA1C0011	材	钢筋		kg	274.1772	4.45	4.15	石家庄信息价(2019年02月)	1137.84	13.52	153.84	-0.3	-82.25	自行采购
9	A31C0001	材	钢板		t	0.24	4475	4150	石家庄信息价(2019年02月)	996	13.52	134.66	-325	-78	
10	A82-0032	材	薄镀锌铁皮 26#		m²	46.1324	22	21		968.78	13.52	130.98	-1	-46.13	
11	AC1C0007	材	圆钢		t	0.0121	4290	4300	石家庄信息价(2019年02月)	52.03	13.52	7.06	10	0.12	自行采购
12	AC4-0079	材	角钢 40×3		kg	1015.4092	4.35	4.3		4366.26	13.52	590.32	-0.05	-50.77	自行采购
13	AC4C0078	材	钢铁		t	0.0593	5630	4600		272.78	13.52	36.85	-1030	-61.03	自行采购
14	AC4C0092	材	钢丝网		m²	1472.31	11	2.1		3091.85	13.52	418.02	-8.9	-13103.56	自行采购
15	AC6C0019	材	槽钢		kg	117.552	4.32	4.2	石家庄信息价(2019年02月)	493.72	13.52	66.75	-0.12	-14.11	自行采购
16	AC9C0001	材	型钢		t	0.0673	4450	4550	石家庄信息价(2019年02月)	306.22	13.52	41.42	100	6.73	自行采购
17	A32-0007	材	镀锌铁丝 Φ8		kg	25.7856	7.86	7.86		202.67	13.52	27.4	0	0	自行采购

图17.61 材料费修改界面

17.7.3 设置甲供材料

假设石家庄某学校综合楼工程中，所有钢筋都是甲供材料，那么需要在图17.62"供货方式"列点击右边的 ▾ ，在下拉菜单中选择"甲供材料"。

	编码	类别	名称	规格型号	单位	数量	预算价	市场价	价格来源	市场价合计	除税系数（%）	进项税额	价差	价差合计	供货方式
1	AA1C0001@1	材	钢筋 Φ10以内	HPB300	t	23.0907	4290	4700	自行询价	108526.29	13.52	0	410	9467.18	甲供材料
2	AA1C0001@2	材	钢筋 Φ10以内	HRB400	t	246.8329	4290	4500	自行询价	1110748.05	13.52	0	210	51834.9	甲供材料
3	AA1C0001@3	材	钢筋 Φ10以内	HRB400	t	14.9282	4290	4700	自行询价	70162.54	13.52	0	410	6120.57	甲供材料
4	AA1C0002@1	材	钢筋 Φ20以内	HRB400	t	239.3102	4500	4100	自行询价	981171.82	13.52	0	-400	-95724.1	甲供材料
5	AA1C0002@2	材	钢筋 Φ20以内	HRB500	t	110.8682	4500	4500		498906.9	13.52	0	0	0	甲供材料
6	AA1C0003@1	材	钢筋 Φ20以外	HRB500	t	118.7878	4450	4500	自行询价	534545.1	13.52	0	50	5939.39	甲供材料
7	AA1C0003@2	材	钢筋 Φ20以外	HRB400	t	24.1914	4450	4100	自行询价	99184.74	13.52	0	-350	-8467	甲供材料
8	AA1C0011	材	钢筋		kg	274.1772	4.45	4.15	石家庄信息价(2019年02月)	1137.84	13.52	0	-0.3	-82.25	

图17.62 "甲供材料"选择界面

在左侧导航栏选择"发包人供应材料和设备"，右侧会显示所有甲供材料，如图17.63所示。

	编码	类别	材料名称	规格型号	单位	甲供数量	单价	合价	质量等级	供应时间	交货方式	送达地点
1	AA1C0001@1	材	钢筋 Φ10以内	HPB300	t	23.0907	4700	108526.29				
2	AA1C0001@2	材	钢筋 Φ10以内	HRB400	t	246.8329	4500	1110748.05				
3	AA1C0001@3	材	钢筋 Φ10以内	HRB400	t	14.9282	4700	70162.54				
4	AA1C0002@1	材	钢筋 Φ20以内	HRB400	t	239.3102	4100	981171.82				
5	AA1C0002@2	材	钢筋 Φ20以内	HRB500	t	110.8682	4500	498906.9				
6	AA1C0003@1	材	钢筋 Φ20以外	HRB500	t	118.7878	4500	534545.1				
7	AA1C0003@2	材	钢筋 Φ20以外	HRB400	t	24.1914	4100	99184.74				
8	AA1C0011	材	钢筋		kg	274.1772	4.15	1137.84				

左侧导航栏：
造价分析　工程概况　取费设置　分部分项　措施项目　其他项目　人材机汇总　费用汇总

所有人材机
- 人工表
- 材料表
- 机械表
- 设备表
- 主材表
- 预拌混凝土
- 主要材料表
- 暂估材料表
- 发包人供应材料和…
- 承包人主要材料和…

图17.63 "发包人供应材料和设备"显示界面

学习任务 17.8　费用汇总及报表编辑

 学习任务描述

查看费用；

编辑报表；

保存退出

 学习任务实施

17.8.1　查看费用

点击【费用汇总】，可以查看及核实费用，如图 17.64 所示，"销项税额"和"附加税费"可以在"费率"列进行调整。

	序号	费用代号	名称	计算基数	基数说明	费率(%)	金额	费用类别	输出
1	1	A	分部分项工程量清单计价合计	FBFXHJ	分部分项合计		17,430,481.64	分部分项工程量清单合计	☑
2	2	B	措施项目清单计价合计	B1+B2	单价措施项目工程量清单计价合计+其他总价措施项目合计		3,298,633.11	措施项目清单合计	☑
3	2.1	B1	单价措施项目工程量清单计价合计	DJCSF	单价措施项目		2,900,304.84	单价措施项目费	☑
4	2.2	B2	其他总价措施项目清单计价合计	QTZJCSF	其他总价措施项目		398,328.27	其他总价措施项目费	☑
5	3	C	其他项目清单计价合计	QTXMHJ	其他项目合计		0.00	其他项目清单合计	☑
6	4	D	规费	GFHJ	规费合计		784,618.71	规费	☑
7	5	E	安全生产、文明施工费	AQWMSGF	安全生产、文明施工费		1,160,833.77	安全文明施工费	☑
8	6	F	税前工程造价	A + B + C + D + E	分部分项工程量清单计价合计+措施项目清单计价合计+其他项目清单计价合计+规费+安全生产、文明施工费		22,674,567.23	税前工程造价	☑
9	6.1	F1	其中:进项税额	JXSE+SBFJXSE	进项税费+设备费进项税额		1,152,330.64	进项税额	☑
10	7	G	销项税额	F+SBF+JSCS_SBF-JGCLF-JGZCF-JGSBF-F1	税前工程造价+分部分项设备费+组价措施项目设备费-甲供材料费-甲供主材费-甲供设备费-其中: 进项税额	10	1,811,785.33	销项税额	☑
11	8	H	增值税应纳税额	G-F1	销项税额-其中: 进项税额		659,454.69	增值税应纳税额	☑
12	9	I	附加税费	H	增值税应纳税额	13.5	89,026.38	附加税费	☑
13	10	J	税金	H+I	增值税应纳税额+附加税费		748,481.07	税金	☑
14	11	K	工程造价	F+J	税前工程造价+税金		23,423,048.30	工程造价	☑

图 17.64　费用汇总

17.12　费用汇总

17.8.2　编辑报表

在上部菜单中点击【报表】，软件会进入报表界面，如图 17.65 所示。

报表可以以 Excel 或者 PDF 的格式进行批量导出，如图 17.66 所示。选择一个报表，点击鼠标右键，也可以导出一个报表。

选择一个报表，点击鼠标右键，选择"简便设计"，如图 17.67 所示，可以对报表的格式和打印要求进行设计。

选择一个报表，点击鼠标右键，选择"报表设计器"，如图 17.68 所示，可以对报表的结构进行设计，例如要去掉"机械费"一列，可以在"报表设计器"中删除"机械费"列，如图 17.69 所示，然后保存退出，就得到图 17.70 的报表。

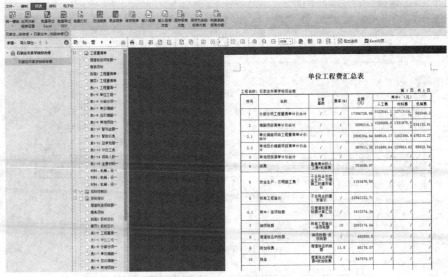

图 17.65　报表界面

17.13　报表查看与编辑

图 17.66　批量导出报表

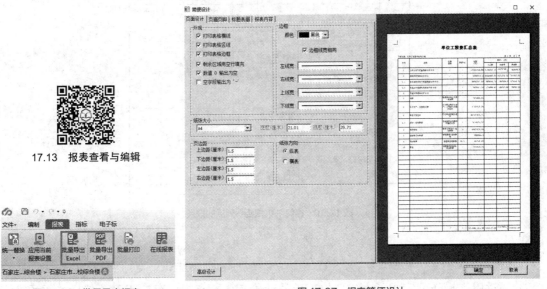

图 17.67　报表简便设计

图 17.68　报表设计器

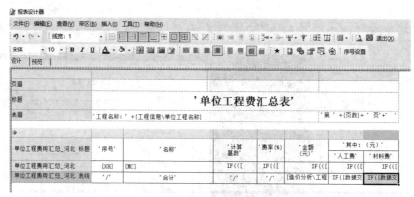

图 17.69 删除"机械费"列

单位工程费汇总表

工程名称：石家庄市某学校综合楼 第 1 页 共 1 页

序号	名称	计算基数	费率(%)	金额(元)	其中：(元)	
					人工费	材料费
1	分部分项工程量清单计价合计	/	/	17306728.98	3122541.18	12713116.76
2	措施项目清单计价合计	/	/	3298216.2	1020606.81	1331870.52
2.1	单价措施项目工程量清单计价合计	/	/	2900304.84	868916.17	1202306.9
2.2	其他总价措施项目清单计价合计	/	/	397911.36	151690.64	129563.62
3	其他项目清单计价合计	/	/		/	/
4	规费	直接费中的人工费+机械费		783698.97	/	/
5	安全生产、文明施工费	不含税金和安全生产、文明施工的建安造价		1153478.56	/	/
6	税前工程造价	不含税金的建安造价		22542122.71	/	/
6.1	其中：进项税额	见增值税进项税额计算汇总表		1610374.34		
7	销项税额	税前工程造价÷进项税额	10	2093174.84		
8	增值税应纳税额	销项税额-进项税额		482800.5		
9	附加税费	增值税应纳税额	13.5	65178.07		
10	税金	增值税应纳税额+附加税费		547978.57		

图 17.70 删除"机械费"列后的报表

17.8.3 保存退出

通过以上操作就完成了土建单位工程的计价工作，点击保存按钮 🖫，然后关闭预算文件，回到投标管理主界面。

 能力训练题

一、单选题

1. 在工程量清单计价中，钢筋混凝土模板工程费用应在（   ）中列项考虑。

    A. 分部分项工程费   B. 措施项目费

    C. 其他项目费   D. 规费

2.《建设工程工程量清单计价规范》（GB 50500—2013）规定，业主在工程量清单中提供的用于必然发生但暂时不能确定价格的材料、设备的单价以及专业工程的金额是指（   ）。

    A. 计日工   B. 暂估价   C. 暂列金额   D. 预备费

3. 根据《建设工程工程量清单计价规范》(GB 50500—2013),当实际增加的工程量超过清单工程量15%,且造成按总价方式计价的措施项目发生变化的,应将(　　　)。

    A. 综合单价调高,措施项目费调增

    B. 综合单价调高,措施项目费调减

    C. 综合单价调低,措施项目费调增

    D. 综合单价调低,措施项目费调减

4. 分部分项工程量清单可不详细描述的内容是(　　　)。

    A. 涉及材质要求　　　　　　　　　B. 涉及结构要求

    C. 涉及施工难易程度　　　　　　　D. 施工图、标准图标注说明

5. 关于工程量清单中的计日工,下列说法中正确的是(　　　)。

    A. 即指零星工作所消耗的人工工时

    B. 在投标时计入总价,其数量和单价由投标人填报

    C. 应按投标文件载明的数量和单价进行结算

    D. 在编制招标工程量清单时,暂定数量由招标人填写

二、多选题

1. 关于暂估价的计算和填写,下列说法中正确的有(　　　)。

    A. 暂估价数量和拟用项目应结合工程量清单中的“暂估价表”予以补充说明

    B. 材料暂估价应由招标人填写暂估单价,无须指出拟用于哪些清单项目

    C. 工程设备暂估价不应纳入分部分项工程综合单价

    D. 专业工程暂估价应分不同专业,列出明细表

    E. 专业工程暂估价由招标人填写,并计入投标总价

2. 其他项目清单中可以包含的内容有(　　　)。

    A. 计日工项目费　　　　　　　　　B. 文明施工费

    C. 总承包服务费　　　　　　　　　D. 暂估价

    E. 暂列金额

三、技能训练

结合实习或实训项目运用广联达 GCCP6.0 编制一套工程投标报价文件。

素质目标

- 具有科学严谨、实事求是的工作作风，能够根据已完工程进行如实结算；
- 具有敏锐的市场洞察力，能够根据市场变化对分项工程价格做出正确判断；
- 遵守职业道德，不泄露企业商业机密

 知识目标

- 掌握验工计价的操作流程；
- 掌握验工计价文件的编制方法；
- 掌握结算计价文件的编制方法

技能目标

- 会利用云计价平台编制验工计价文件；
- 会利用云计价平台编制结算文件；
- 能够根据实际情况进行结算价格的调整；
- 会编辑报表并以Excel或者PDF格式进行输出

任务说明

　　应用广联达云计价平台 GCCP6.0 软件在案例工程中进行验工计价和结算计价文件的编制。

学习任务 18.1　工程数字化结算知识准备

 学习任务描述

　　认识工程结算；
　　结算方式与内容

学习任务实施

18.1.1　认识工程结算

工程项目建设程序是工程项目从策划、评估、决策、设计、施工到竣工验收、投入生产或交付使用的整个建设过程中，各项工作必须遵循先后的工作次序。工程项目建设程序是工程建设过程客观规律的反映，是建设工程项目科学决策和顺利进行的重要保证。工程项目建设程序是人们长期在工程项目建设实践中得出来的经验总结，不能任意颠倒，但可以合理交叉。图 18.1 所示为建设程序。

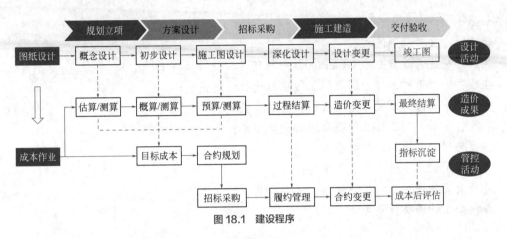

图 18.1　建设程序

其中，结算项目主要是贯穿施工建造阶段和交付验收阶段的业务。无论是图纸深化设计，还是设计变更及竣工图，都可以影响到项目的结算。

18.1.2　结算方式与内容

工程结算的内容与结算的方式息息相关，结算方式如图 18.2 所示。概括起来，主要包

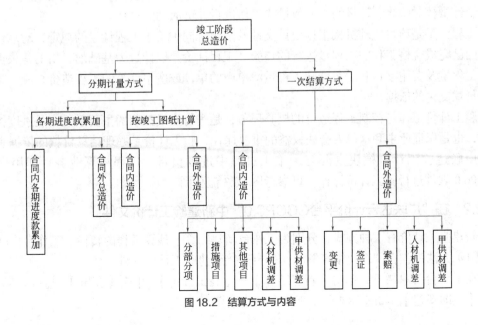

图 18.2　结算方式与内容

括合同内结算和合同外结算。合同内结算内容有：分部分项、措施项目、其他项目、人材机调差、规费、税金等。合同外结算的内容有：变更、签证、索赔、工程量偏差、人材机调差等项目。

学习任务 18.2　对阶段性已完工程进行验工计价

 学习任务描述

验工计价文件编制流程；

在"广联达云计价平台 GCCP6.0"中新建验工计价文件；

在软件中对案例工程分部分项工程项目进行进度报量；

在软件中对案例工程措施项目进行进度报量；

在软件中对案例工程其他项目进行进度报量；

依据合同约定进行人材机价格调整；

进行费用汇总生成当期上报文件；

处理合同外变更、签证、漏项、索赔项目；

导出验工计价文件报表

 学习任务实施

18.2.1　验工计价文件编制流程

验工计价，又称工程计量与计价，是指对施工建设过程中已完合格工程数量或工作进行验收、计量核对验收、计量的工程数量或工作进行计价活动的总称。

工程计量是项目监理机构根据设计文件及承包合同中关于工程计量的规定，对承包单位申报的已完成合格工程的工程量进行的核验。工程计价是以计量为基础的，指的是根据已核验的工程量及费用项目和承包合同工程量清单中的单价或费率计算的工程造价金额，是进行工程价款支付的依据。

验工计价工作是控制工程造价的核心环节，是进行质量控制的主要手段，是进度控制的基础，也是保证业主和承包人合法权益的重要途径，验工计价是办理结算价款的依据。

广联达验工计价模块主要解决施工过程中进度报量、过程结算业务。利用广联达GCCP6.0 软件进行验工计价操作，可参考图 18.3 流程图。

18.2.2　在"广联达云计价平台GCCP6.0"中新建验工计价文件

新建验工计价有三种方式，分别为工作台新建结算、预算工程内转换、工作台内转换。

（1）方法一：在"新建结算"工作平台直接新建验工计价文件

在工作台菜单栏下，单击【新建结算】→【验工计价】，单击【浏览】，选择预算文件，单击【立即新建】，如图 18.4 所示工作台新建结算。

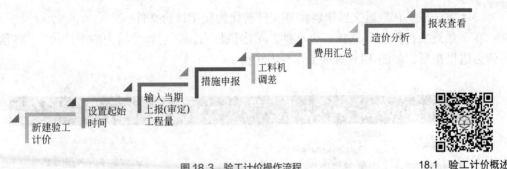

图 18.3 验工计价操作流程

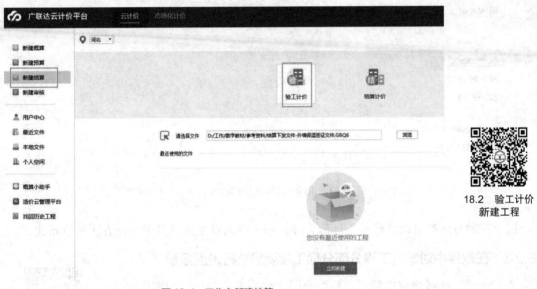

18.1 验工计价概述

图 18.4 工作台新建结算

18.2 验工计价新建工程

（2）方法二：将预算文件转化为验工计价文件

在预算工程内，单击左上角【文件】→下拉菜单选择“转为验工计价”，将预算工程直接转换为验工计价，如图 18.5 所示预算工程内转换。

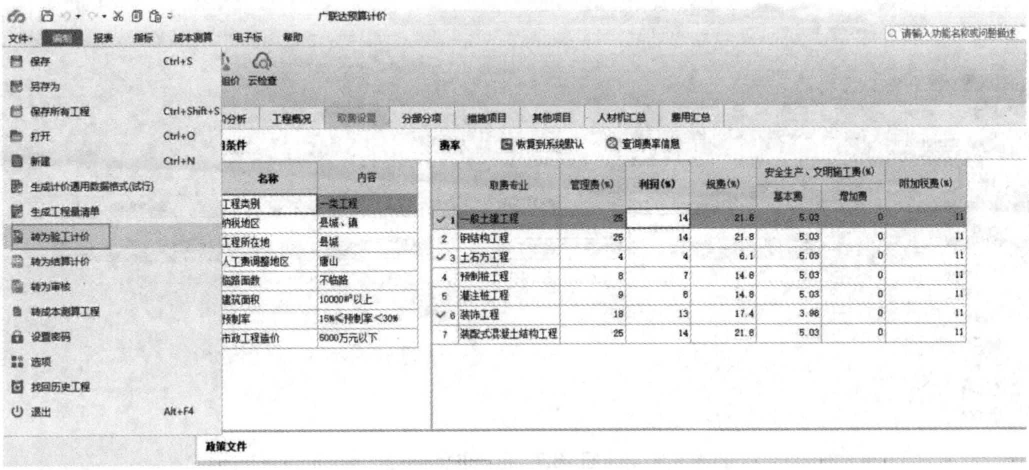

图 18.5 预算工程内转换

（3）方法三：在最近文件中将预算文件转化为验工计价文件

在"最近文件"中，选择一个文件，单击鼠标右键，选择"转为验工计价"，将预算文件转为进度报量，如图 18.6 所示工作台内转换。

图 18.6　工作台内转换

以上三种方法都可以新建验工计价文件，用户可以自主选择其中一种方法进行新建。

18.2.3　在软件中对案例工程分部分项工程项目进行进度报量

验工计价文件新建完成后，要根据合同文件中规定的计量周期设置分期及起止时间段，然后选择每个周期进行进度报量。

（1）在项目的节点上描述各期工程形象进度

18.3　形象进度

在项目的节点上，单击【形象进度】，选择分期，在当期分期下，输入"项目名称""形象进度描述""监理确认"状态、"建设单位确认"状态，如图 18.7 所示形象进度。

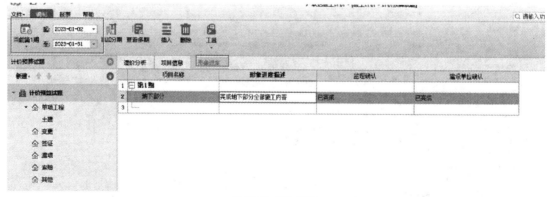

图 18.7　形象进度

知识拓展

工程形象进度是按工程的主要组成部分,用文字或实物工程量的百分数,简明扼要地表明施工工程在一定时间点上(通常是期末)达到的形象部位和总进度。例如,用"浇制钢筋混凝土柱基础完""基础回填土完80%"和"预制钢筋混凝梁、柱完70%"表示框架结构厂房工程的形象进度,表明该厂房正处在基础工程施工的后期和钢筋混凝土梁、柱预制阶段,预制梁、柱尚未开始吊装且有30%尚未预制。

(2)根据合同规定的计量周期设置分期

第二种报量方式是"分期输入",根据合同规定的计量周期设置分期及起止时间段。

18.4 设置分期

在工具栏左上角的功能键选择"添加分期",在弹出的窗口设置分期以及施工时间段,单击【确定】,有几期就设置几期。如图18.8所示分期输入。

(3)根据工程进度和合同约定输入当前期量

根据工程的进度和合同约定,据实填报。在软件中,输入清单完成量或完成比例,会自动统计出累计完成量、累计完成比例、累计完成合价及未完成工程量,工程进展清晰可见。

18.5 输入当前期工程量

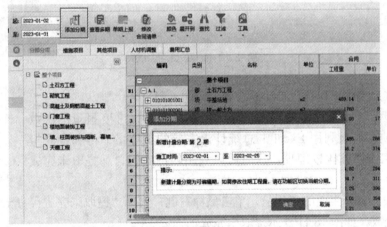

图18.8 分期输入

图18.9 输入当前期量

例如，选择当前"第1期"，在分部分项列表中，输入第1期量或者第1期比例；再选择"第2期"，在分部分项列表中，输入第2期量或者第2期比例……依次填写各期的工程量，如图18.9所示输入当前期量。输入完成后，软件会自动累加。

（4）根据工程进度和合同约定批量设置当期工程量完成比例

实际工程中，往往一个项目文件，包含十几个单项工程，有上百条清单，如果逐一输入量或者比例，任务量也很巨大。针对这种情况，也可以利用软件批量设置当期比例。

具体做法：批量选择涉及的清单，单击右键，选择"批量设置当期比例"，输入当期的比例值，即可完成。如图18.10所示批量设置当期比例。

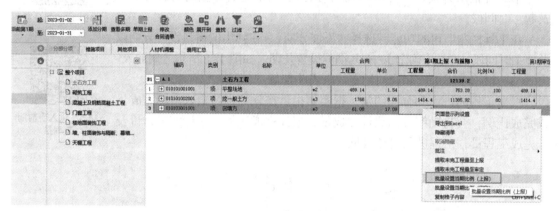

图18.10　批量设置当期比例

（5）提取未完成工程量，自动提取剩余合同工程量

对于进度款报量来说，针对一个几年工期的项目，进度报量的次数很多，如果预算人员利用Excel汇总统计未完成的工程量，再和合同量进行对比，工作任务比较烦琐。这时可以利用软件中的自动提取未完成的工程量。

18.6　提取未完成的工程量及预警提示

具体做法：选择当期的工程量，单击鼠标右键，选择"提取未完工程量至上报"，工程量自动提取完成，如图18.11所示提取未完成工程量。

图18.11　提取未完成工程量

（6）预警提示

当累计的报量超出了合同的工程量，软件就会在累计完成比例或累计完成工程量的单元格中红色显示，起到提示作用。如图18.12所示预警提示。

（7）查看各期的进度报量

18.7　查看多期与修改合同清单

当进度报量期数太多，可以利用"查看多期"功能，查看各期的进度报量，直观获取工程的进度情况。

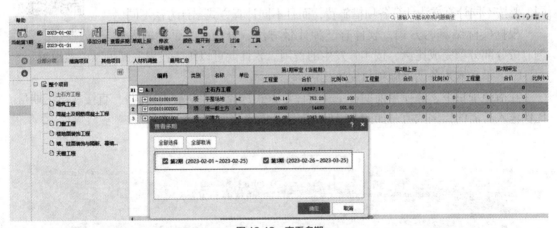

图18.12　预警提示

具体做法：工具栏单击【查看多期】，软件默认所有期都选取，也可根据需要选择某几期，这样分部分项表格中就只显示选中的几期的内容，通过这种方法，可以使数据更一目了然。如图18.13所示查看多期。

图18.13　查看多期

（8）直接在合同内修改合同清单

施工过程中由于实际情况普遍存在很多细小变更，如图纸中要求使用$\varphi 8$钢筋，可实际施工现场只有$\varphi 10$钢筋，施工方会通过技术核定单等方式变更调整项目特征，结算时施工方一般都是直接在原合同清单基础上调整特征和材料。在GCCP6.0中，新增了修改合同清单的功能，可以直接在合同内修改合同数据。

具体做法：工具栏选择【修改合同清单】，弹出"修改合同清单"窗口，对于需要修改的清单进行修改，修改完成后单击【应用修改】，关闭窗口。这时在修改后的清单项前面就会出现修改的图标。如图18.14所示修改合同清单。

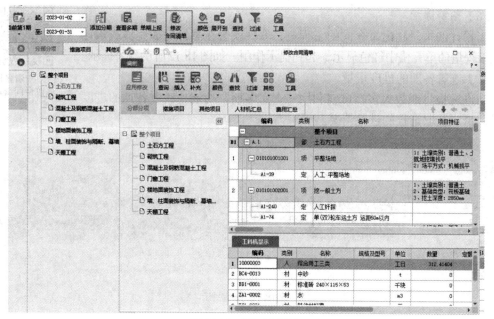

图 18.14　修改合同清单

18.2.4　在软件中对案例工程措施项目进行进度报量

清单单价合同中的措施项目依据地方特点，合同约定结算方式不尽相同，要按不同计算方法计算各项措施费，而且不同计算方式累计方法不同。

18.8　措施项目

根据实际结算的方式，软件有三种计量方法，分别是：手动输入比例、按分部分项完成比例、按实际发生的费用。软件既可以统一设置，又可以单独设置。

（1）手动输入各期措施项目完成比例

在措施项目下，选择当前期，工具栏计量方式选择"手动输入比例"，直接在第 1 期量 / 比例输入所需的比例数值，如图 18.15 所示手动输入比例。

图 18.15　手动输入比例

（2）按分部分项完成比例确定措施项目所需比例

分部分项完成比例 =（分部分项完成的量 / 总量）× 措施的总价格

具体做法：在措施项目下，选择当前期，工具栏计量方式选择"按分部分项完成比例"，直接在"当前期量 / 比例"输入所需的比例数值。

（3）按实际发生的费用确定措施费

按实际已经完成的人工费、材料费、机械费等为计算基数，乘以费率，得到措施费的价格。具体做法：在措施项目下，选择当前期，工具栏计量方式选择"按实际发生"，直接在"当前期量 / 比例"输入所需的比例数值。

18.2.5　在软件中对案例工程其他项目进行进度报量

其他项目包括：暂列金额、暂估价、计日工、总承包服务费、索赔与现场签证费等。其他项目报量方式操作同"分部分项"，直接通过输入分期的方式输入完成，在这里不再赘述。如图 18.16 所示其他项目报量。

图 18.16　其他项目报量

18.9　其他项目

18.2.6　依据合同约定进行人材机价格调整

18.2.6.1　人材机调差思路

要进行人材机调差就要了解合同的形式以及合同中约定的材料调差的范围、调差的幅度和调整的办法，具体思路为：

① 从人材机汇总表摘取可调差材料；

② 依据合同约定汇总多期材料发生量；

③ 合同约定的调差方式确定调差因素；

④ 根据信息价 / 确认价确定调整价格；

⑤ 根据调差因素计算单位价差；

⑥ 根据单位价差计算涨跌幅；

⑦ 根据涨跌幅确定是否给予调差；

⑧ 最终计算价差，计入造价。

18.10　人材机调差思路

18.11　材料调差步骤

18.2.6.2　软件处理材料调差步骤

软件进行调差流程如图 18.17 所示。

（1）选择调整材料的范围　切换到人材机调整界面，选择"材料调差"，单击工具栏【从人材机汇总中选择】，在弹出的窗口中勾选需要调差的材料，点击【确定】，如图 18.18 所示人材机汇总选择。

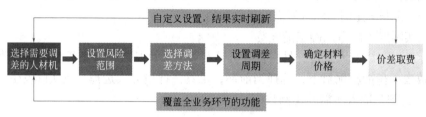

图 18.17　软件调差操作流程

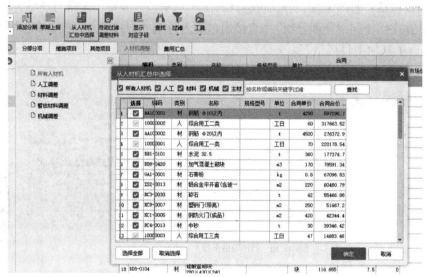

图 18.18　人材机汇总选择

（2）调整风险幅度范围　单击工具栏【风险幅度范围】，在弹出的窗口中调整"风险幅度范围"，例如：-10% ～ 10%，点击【确定】，如图 18.19 所示。

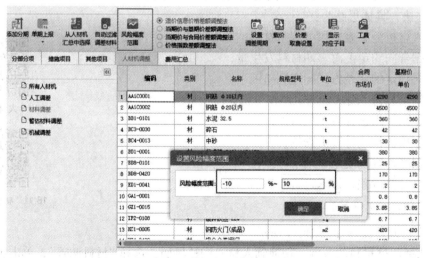

图 18.19　调整风险幅度范围

（3）选择调整办法　单击工具栏选择调整办法，例如：选择"当期价与合同价差额调整法"，如图 18.20 所示。

图 18.20　调整办法

（4）设置调差周期　单击工具栏【设置调差周期】，在弹出的窗口中，选择"起始周期"和"结束周期"，如图 18.21 所示。

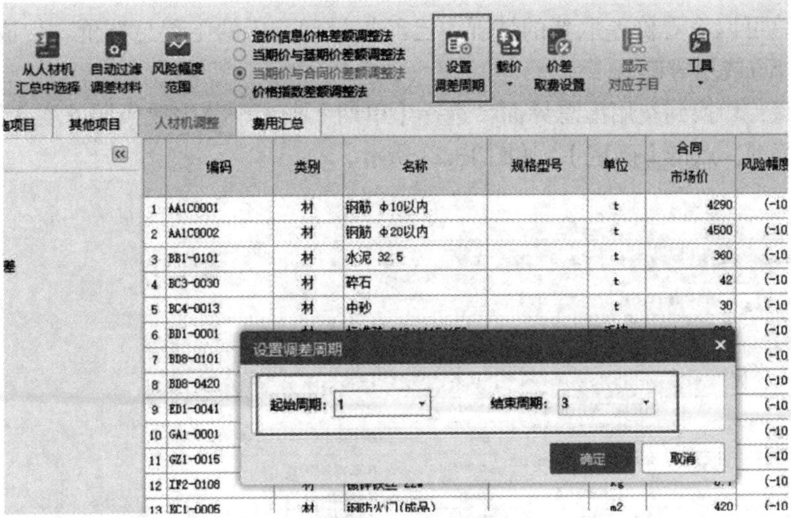

图 18.21　设置调差周期

（5）载价　单击工具栏【载价】，选择"当期价批量载价"，在弹出的"广材助手批量载价"窗口中，根据需要选择"信息价""市场价""专业测定价"或"企业价格库"，单击【下一步】，后续根据提示继续点击【下一步】，直至载价完成。具体步骤如图 18.22 所示。

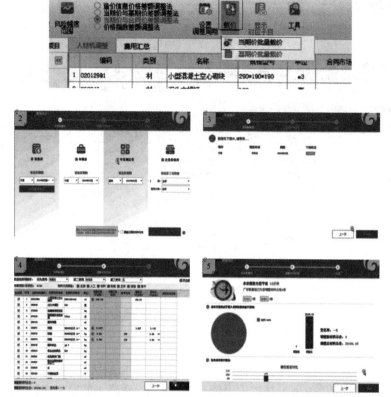

图 18.22　载价

18.2.7　进行费用汇总生成当期上报文件

费用汇总可以查看价差取费的情况、已经报量调差后的工程总造价。生成当期上报文件，报送审计方或甲方确认。

具体步骤：切换到费用汇总界面，选择【单期上报】→"生成当期进度文件"，勾选需上报的工程范围，点击【确定】，如图 18.23 所示。

序号				计算基数	基数说明	费率 (%)
1	1		A	分部分项工程量清单计价合计	FBFXHJ	分部分项合计	
2		2	B	措施项目清单计价合计	CSXMHJ	措施项目清单合计	
3		2.1	B1	单价措施项目工程量清单计价合计	DJCSF	单价措施项目	
4		2.2	B2	其他总价措施项目清单计价合计	QTZJCSF	其他总价措施项目	
5		3	C	其他项目清单计价合计	QTXMHJ	其他项目合计	
6		4	D	规费	GFHJ	规费合计	
7		5	E	安全生产、文明施工费	AQWMSGF	安全生产、文明施工费	
8		6	F	税前工程造价	A＋B＋C＋D＋E	分部分项工程量清单计价合计+措施项目清单计价合计+其他项目清单计价合计+规费+安全生产、文明施工费	
9		6.1	F1	其中：进项税额	JXSE＋SBFJXSE	分部分项设备费+组价措施项目设备费+甲供材料费+甲供设备费	
10		7	G	销项税额	F＋SBF＋JSCS_SBF－JGCLF－JGZCF－JGSBF－F1	税前工程造价+分部分项设备费+组价措施项目设备费-甲供材料费-甲供设备费-甲供主材费-甲供设备费-其中：进项税额	

图 18.23　费用汇总

18.12　费用汇总

18.2.8 处理合同外变更、签证、漏项、索赔项目

对于合同外的变更、签证、漏项、索赔，可以通过导入计价文件的形式进行，导入后和合同内处理进度报量的做法是一样的。合同外的部分也可以添加分期、查看多期、预警提醒，工程量也可以分期输入或者设置比例，方便多人协作。

具体做法：例如，在软件"变更"下，点击鼠标右键，选择"导入变更"，选择做好的文件导入即可，如图 18.24 所示合同外变更导入。

图 18.24 合同外变更导入

18.13 合同外的签证、变更　18.14 报表

18.2.9 导出验工计价文件报表

选择"报表"菜单，选取所需的报表格式，可进行批量导出，可导出 PDF 格式或者 Excel 格式，如图 18.25 所示。

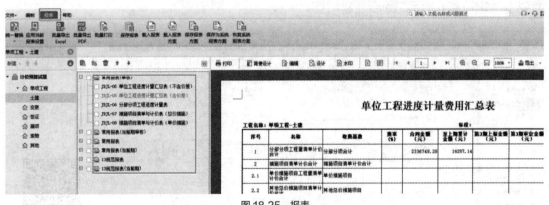

图 18.25 报表

学习任务 18.3 对竣工项目进行结算计价

 学习任务描述

在"广联达云计价平台 GCCP6.0"中新建结算计价文件；
在软件中对案例工程分部分项工程项目进行结算计价；

在软件中对案例工程措施项目进行结算计价；

在软件中对案例工程其他项目进行进度报量；

依据合同约定进行人材机价格调整；

进行费用汇总生成结算文件；

处理工程变更导致的费用调整；

导出结算计价文件报表

 学习任务实施

验工计价可以直接转换到结算计价。对于竣工结算和验工计价，它们的业务场景，都是包括合同内和合同外两个部分的内容。对于合同内，要以进度计量作为结算的依据；对于合同外，要准备变更、签证等资料。无论合同内还是合同外的造价，利用云计价软件能够让结算过程更加的便捷高效。

18.3.1 在"广联达云计价平台GCCP6.0"中新建结算计价文件

新建结算计价也有三种方式，分别为工作台新建结算、投标文件转换、工作台内转换。

（1）方法一：在"新建结算"工作平台直接新建结算计价文件

选择"新建结算"→单击【结算计价】→点击【浏览】，载入招投标文件→单击【立即新建】。如图18.26所示工作台新建结算。

图18.26　工作台新建结算

18.15　结算计价新建工程

（2）方法二：将投标文件转化为结算计价文件

打开投标项目文件→单击【文件】→【转为结算计价】，如图18.27所示投标文件转换。

（3）方法三：在最近文件中将投标文件转化为结算计价文件

在"最近文件"中找到投标项目→右键点击【转为结算计价】，如图18.28所示工作台内转换。

以上三种方法都可以新建结算计价文件，用户可以自主选择其中一种方法进行新建。

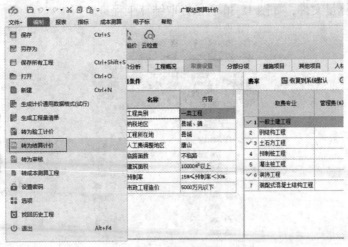

图 18.27 投标文件转换

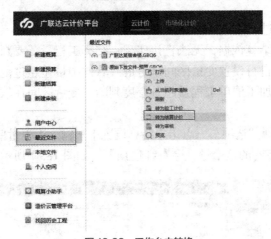

图 18.28 工作台内转换

18.3.2 在软件中对案例工程分部分项工程项目进行结算计价

（1）根据已完工程修改结算工程量

修改工程量的方式有两种：

① 按实际发生情况直接修改结算工程量，如图 18.29 所示直接修改工程量。

图 18.29 直接修改工程量

② 结算的工程量要根据竣工图纸及合同，点击【提取结算工程量】→选择"从算量文

件提取"→选择算量文件,如图 18.30 所示提取结算工程量。

18.16　结算计价修改工程量

图 18.30　提取结算工程量

（2）结算工程量超过设定幅度预警提示

18.17　结算计价
预警提示

进度计量需要作为结算依据,无法直接实现;结算工程量需要判断是否超过设定幅度,需要自行设置变量区间来考虑。软件中量差超过范围时会给出提示,是因为增加了清单工程量超亏幅度判断。变量区间在软件中也可自行设置。

软件左上角下拉选择"选项"→点击【结算设置】→输入工程量偏差量,默认"-15%～15%"。当量差超过了 15% 的这个量,会有红色预警。如图 18.31 所示预警设置。

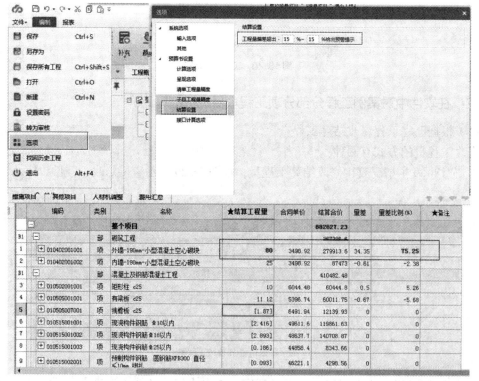

图 18.31　预警设置

18.3.3 在软件中对案例工程措施项目进行结算计价

措施项目量的调整分为两种情况：第一种是合同约定，即措施费执行固定总价，相关费用发生变化也不调整，或设计图纸发生变更，则走变更，或者是根据实际情况来进行结算；第二种就是按照当地的文件规定，按照百分比进行下调。这两种情况，软件都可以直接实现。

18.18 结算计价措施项目

软件中可选择的结算方式有三种：总价包干、可调措施、按实际发生，软件既支持统一设置，又能单独设置。选好结算方式后，修改费率即可。如图 18.32 所示措施项目。

图 18.32 措施项目

18.3.4 在软件中对案例工程其他项目进行结算计价

其他项目包括暂列金额、专业工程暂估价、计日工费用和总承包服务费。

其中暂列金额、专业工程暂估价和总承包服务费，是跟着预算文件和进度文件的量和价走的，在结算文件里改不了数值，能改的是计日工的费用。

18.19 结算计价其他项目

选择"计日工费用"→点击插入费用行→根据实际发生的费用填入"结算数量"和"结算单价"，软件会自动汇总计算。如图 18.33 所示计日工。

图 18.33 计日工

18.3.5 依据合同约定进行人材机价格调整

（1）选择调整材料的范围

切换到"人材机调整"界面，选择"材料调差"，单击工具栏【从人材机汇总中选择】，在弹出的窗口中勾选需要调差的材料，点击【确定】，如图 18.34 所示人材机汇总选择。

图 18.34　人材机汇总选择

（2）根据合同约定调整风险幅度范围

单击工具栏【风险幅度范围】，在弹出的窗口中调整"风险幅度范围"，例如：-10% ～ 10%，点击【确定】，如图 18.35 所示调整风险幅度范围。

图 18.35　调整风险幅度范围

（3）根据合同约定选择人材机调整办法

单击工具栏选择调整办法，例如：选择"结算价与合同价差额调整法"，如图 18.36 所示。

图 18.36　选择调整办法

18.20　结算计价
人材机调整

（4）利用广材助手载入信息价、市场价

单击工具栏【载价】，选择"当期价批量载价"，在弹出的"广材助手批量载价"窗口中，根据需要选择"信息价""市场价""专业测定价"，单击【下一步】，后续根据提示继续点击【下一步】，直至载价完成。具体步骤如图 18.37 所示。

图18.37

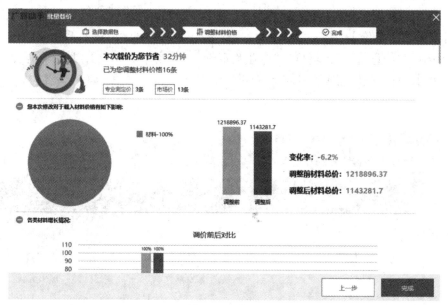

图18.37 载价

（5）根据合同约定设置价差取费

点击【价差取费设置】，根据需要选择计取"计税金"或"计规费和税金"等内容。设置好之后，总的价差就计算出来了。具体步骤如图18.38所示价差取费设置。

18.21 人材机分期调差

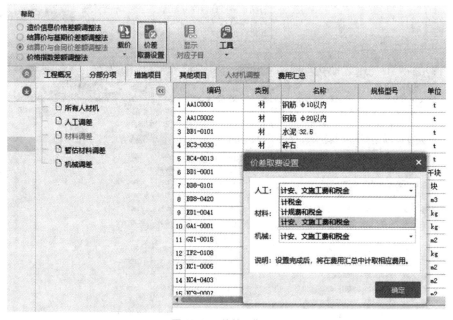

图18.38 价差取费设置

知识拓展

建设项目合同文件中约定某些材料按季度（或年）进行价差调整（例如钢筋），或规定某些材料执行批价文件（例如混凝土）。但甲乙双方约定施工过程中不进行价差调整，结算时统一调整。因此在竣工结算过程中需要将这些材料按照不同时期的发生数量分期进行载价并调整价差。这种情况又要如何去实现呢？具体操作步骤如下。

① 选择"分部分项"界面→单击【人材机分期调整】→在"是否对人材机进行分期调整"下选择【分期】→输入"总期数"→选择"分期输入方式"，如图 18.39 所示人材机分期调整。

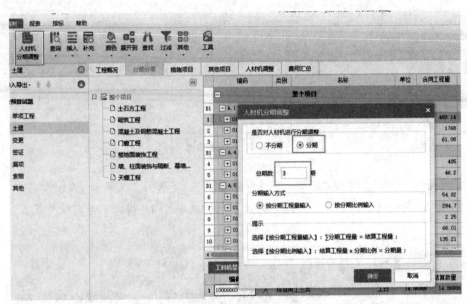

图 18.39 人材机分期调整

② 在下方属性窗口"分期工程量明细"页签，可选择分期工程量的输入方式："按分期量输入"或"按比例输入"，输入每一分期的工程量或比例，见图 18.40 输入分期工程量。

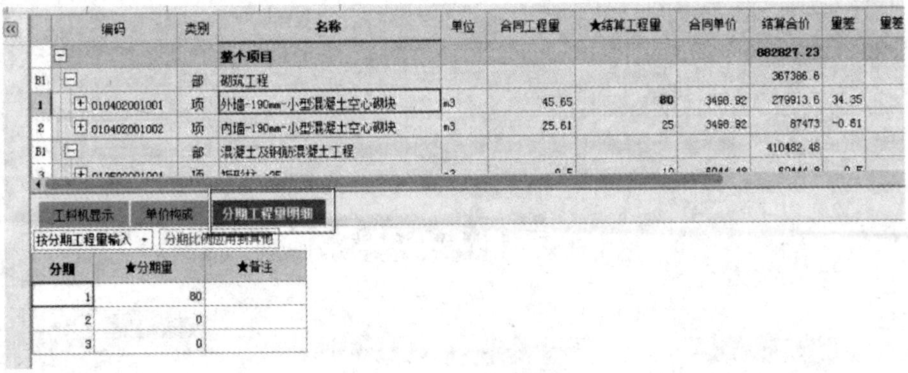

图 18.40 输入分期工程量

③ 分期工程量输入完成，进入人材机汇总界面，选择【所有人材机】页签，"分期量查看"可查看每个分期发生的人材机数量，见图 18.41 分期量查看。

图 18.41　分期量查看

④ "材料调差" 页签增加 "单期 / 多期调差设置"，可选择 "单期调差" 或 "多期（季度、年度）调差"，在调差工作界面汇总每期调差工程量，见图 18.42 单 / 多期调差设置。

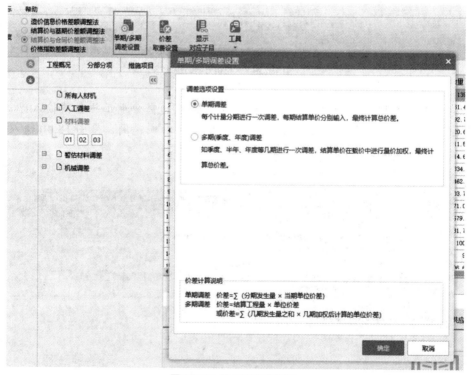

图 18.42　单 / 多期调差设置

⑤ 选择 "材料调差" 的任一期，对人材机进行分期调整并计算价差，见图 18.43 人材机分期调整。

图 18.43 人材机分期调整

18.3.6 进行费用汇总生成结算文件

在"费用汇总"可以查看"结算金额",如图 18.44 所示。

18.22 结算计价
费用汇总

图 18.44 费用汇总

在 GCCP6.0 结算计价中,合同内允许新增分部、清单、定额,相同材料沿用合同内价格,新增的部分与原合同差异用颜色标识区分。具体操作步骤如下:

在"分部分项"中点击【查询】→选择"查询清单指引"→选择需添加的清单项目,点击【插入清单】,选择定额子目→在"分部分项"中添加新增部分的"结算工程量",见图 18.45 合同内新增清单。

18.23 合同内新增清单

注意

如果已经进行了分期,无法直接添加清单,只有在分期之前,才可以直接添加清单。

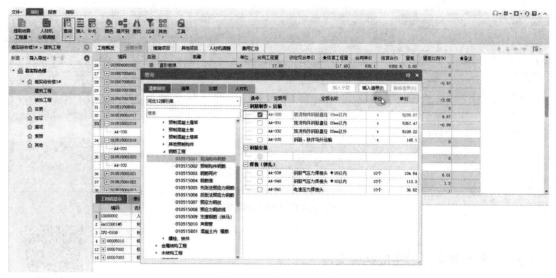

图 18.45　合同内新增清单

18.3.7　处理工程变更导致的费用调整

（1）复用合同清单筛选超过量差幅度范围的工程量

做结算时，由招标方计算的工程量差错或者设计变更引起的工程量差异，按照《建设工程工程量清单计价规范》（GB 50500—2013），超出了 ±15% 的量差幅度范围的清单需要列入合同外的变更单里。当工程量减少超过 15%，减少后剩余部分的工程量的综合单价要予以提高，措施项目费调减。当工程量增加超过 15%，综合单价予以调低，措施项目费调增。在这种情况下，利用复用合同清单可以直接将超过量差幅度范围内的工程量自动筛选出来，直接快速地应用到合同里面。

18.24　复用、关联合同清单

在变更的单位工程中，点击【复用合同清单】→设置过滤范围（-15% ～ 15%）→勾选"量差幅度以外的工程量"→【确定】，见图 18.46 复用合同清单。

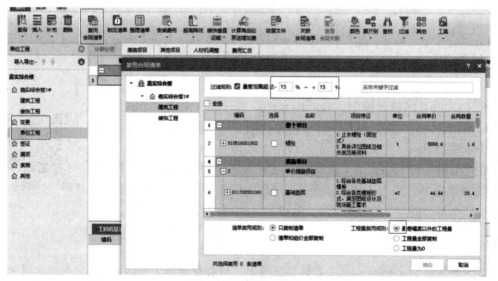

图 18.46　复用合同清单

（2）将合同外新增清单与原合同清单建立关联

已标价工程量清单中没有适用但有类似于变更工程项目，可在合理范围内参照类似项目的单价。当编辑合同外内容时，会直接（或间接）使用合同清单，这时候就需要方便进行对比查看，在上报签证变更资料时也可以作为其价格来源依据。

点击【关联合同清单】，自行按照筛选方式关联清单，关联过后也可点击【查看合同关联】进行检查，当发现两者有比较明显的差异时，定位至合同内清单进行进一步检查，见图 18.47 关联合同清单。

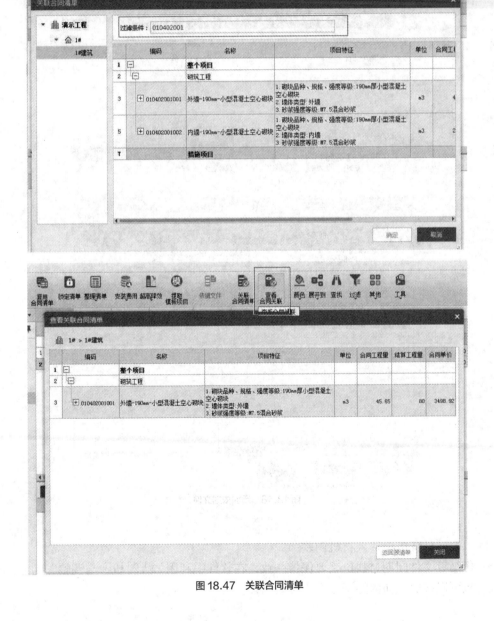

图 18.47　关联合同清单

（3）添加变更签证依据文件

合同外清单上报时要求提供相应依据文件，通过图片或 Excel 文件以附件资料包上传。整个项目或分部行插入"依据文件"，关联任何形式的依据证明资料，添加依据后，"依据"列即可查看，见图 18.48 添加依据文件。

18.25 添加依据文件

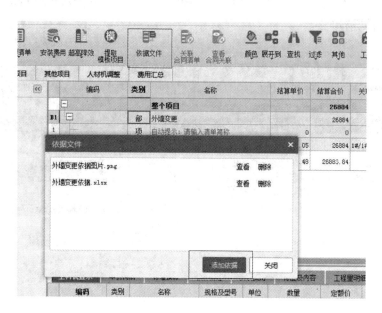

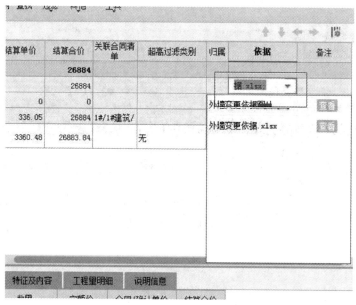

图18.48 添加依据文件

（4）合同外变更项目人材机调差

一份结算文件同期材料价格要保持一致，在软件中利用"人材机参与调整"功能，合同外人材机可以按照合同内的调差方法自动调整。

"人材机调整"项目中，点击左上角【人材机参与调差】，即可实现合同外与合同内相同材料同价，自动统计出价差，方便快速，见图18.49人材机参与调差。

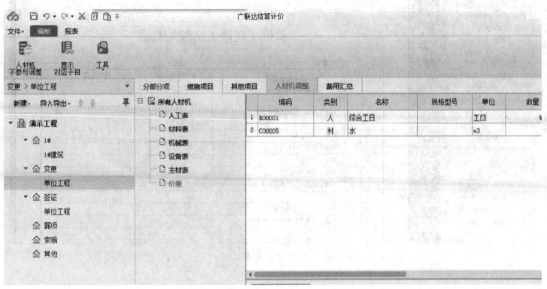

图18.49 人材机参与调差

（5）将合同外的单位工程并入合同内项目

在变更的单位工程中，点击右键，调出"工程归属"，即可将合同外的单位工程并入合同内，计算经济指标，如图18.50所示工程归属。

18.26 人材机调差及
工程归属

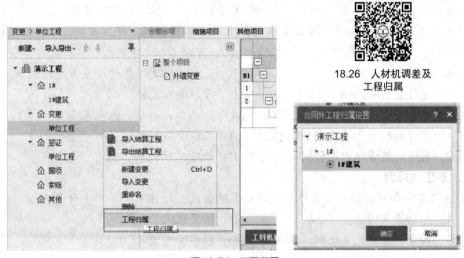

图18.50 工程归属

18.3.8 导出结算计价文件报表

选择"报表"菜单，选取所需的报表格式，可进行批量导出，可导出 PDF 格式或者 Excel 格式。软件中除有标准的结算报表之外，还提供了《建设工程工程量清单计价规范》（GB 50500—2013）报表，内容更全面，如图18.51所示报表。

18.27 结算计价报表

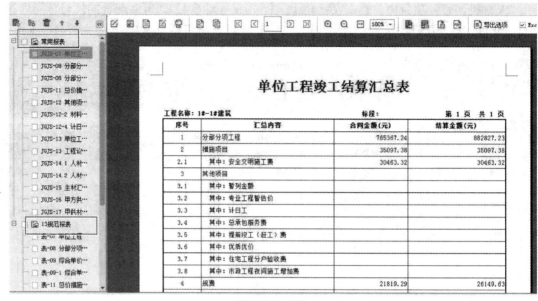

图18.51 报表

能力训练题

一、单项选择题

1. 编制验工计价文件，新建工程有（　　）方法。

    A. 1 种   B. 2 种   C. 3 种   D. 4 种

2. 实际工程中，往往一个项目文件包含十几个单项工程，有上百条清单，如果逐一输入量或者比例，任务量也很巨大。针对这种情况，可以（　　）操作。

    A. 逐条输入   B. 可以利用软件批量设置当期比例

    C. 进行复制粘贴   D. 可以导入文件

3. 软件在"累计完成比例"或"累计完成量"的单元格中，红色表示（　　）。

    A. 累计的报量少于合同的工程量   B. 工程量输入错误

    C. 累计的报量超出了合同的工程量   D. 此项有过调整

二、多项选择题

1. 清单单价合同，措施项目根据实际结算的方式，软件有（　　）计量方法。

    A. 手动输入比例   B. 估算比例

    C. 按分部分项完成比例   D. 按实际发生

    E. 按估算总量

2. 其他项目费包括（　　）。

    A. 暂列金额   B. 暂估价

    C. 计日工   D. 总承包服务费

    E. 安全生产文明施工费

3. 软件处理材料调差的调差方法有（　　）。

    A. 造价信息价格差额调整法   B. 当期价与基期价差额调整法

C. 当期价与合同价差额调整法　　　　D. 价格指数差额调整法

E. 当前价与造价信息差额调整法

4. 导出报表支持的格式有（　　）。

A. pdf　　　　　　　　　　　　　　　B. word

C. txt　　　　　　　　　　　　　　　D. excel

E. ppt

5. 结算项目主要的是贯穿（　　）。

A. 施工建谱阶段　　　　　　　　　　B. 设计阶段

C. 交付验收阶段　　　　　　　　　　D. 规划立项阶段

E. 可行性研究阶段

三、简答题

1. 简述填报形象进度的步骤。

2. 对于进度款报量来说，针对一个工期几年的项目，进度报量的次数很多，如何查看剩余的工程量？

3. 对于合同外变更、签证、漏项、索赔，如何进行进度报量？

四、实操题

1. 根据签证内容，调整结算文件中的合同外造价。

2023 年 3 月 10 日 19：00，土方开挖期间，该地区出现罕见暴雨，降雨量达到 60mm。暴雨导致发生如下事件：

事件一　存放现场的硅酸盐水泥（P.142.5 散装）共 5t，其中 3t 被雨水浸泡后无法使用，2t 被雨水冲走。

事件二　暴雨导致甲方正在施工的现场办公室遭到破坏，材料损失 25000 元。修复办公室破损部位发生费用 50000 元。

2. 按下列要求新建竣工结算文件。

工程类别：三类工程；

工程所在地：石家庄（市区），三面临路；

工程计价编制为一般计税法，根据当地定额规则计算相关费用；

建筑面积：2830.43m²。

参考文献

[1] 谷洪雁.建筑工程计量与计价 [M].北京：化学工业出版社，2018.

[2] 建设工程工程量清单计价规范GB 50500—2013.

[3] 房屋建筑与装饰工程工程量计算规范GB 50854—2013.

[4] 全国统一建筑工程基础定额河北省消耗量定额HEBGYD-A-2012.

[5] 全国统一建筑装饰装修工程消耗量定额河北省消耗量定额HEBGYD-B-2012.

[6] 河北省建筑、安装、市政、装饰装修工程费用标准HEBGFB-1-2012.

[7] 《建筑安装工程费用项目组成》（建标〔2013〕44号）.

[8] 黄臣臣，陆军，齐亚丽.工程自动算量软件应用 [M].北京：中国建筑工业出版社，2020.

[9] 黄恒振.基于大数据和BIM的工程造价管理研究 [J].建筑经济，2016.

[10] 高丽华.浅谈BIM在施工阶段工程造价管理中的应用 [J].工程施工，2016.

[11] 葛艳平.基于BIM技术的房地产开发项目成本控制 [D].西安：长安大学，2014.

[12] 孙思培.基于BIM技术的工程项目全寿命周期成本管理研究 [D].青岛：山东科技大学，2015.

[13] 徐玲.关于BIM的工程造价精细化管理研究 [J].建筑学研究前沿，2019.

[14] 李霞.BIM技术在建设项目全过程造价管理中的应用研究 [D].青岛：山东科技大学，2020.